路 著

一作禅

河南文艺出版社
·郑州·

图书在版编目(CIP)数据

工作禅/柯云路著. --郑州:河南文艺出版社,2024.7
ISBN 978-7-5559-1686-4

Ⅰ.①工… Ⅱ.①柯… Ⅲ.①人生哲学-通俗读物
Ⅳ.①B821-49

中国国家版本馆 CIP 数据核字(2024)第 059164 号

策　　划	杨　莉　张　阳
责任编辑	张　阳
责任校对	殷现堂
装帧设计	张　萌

出版发行	河南文艺出版社	印　张	16
社　　址	郑州市郑东新区祥盛街 27 号 C 座 5 楼	字　数	163 000
承印单位	河南瑞之光印刷股份有限公司	版　次	2024 年 7 月第 1 版
经销单位	新华书店	印　次	2024 年 7 月第 1 次印刷
开　　本	700 毫米 × 1000 毫米　1/16	定　价	55.00 元

目　录

序

一

我从学生时代就喜欢探究如何提高学习与工作的效率。

20世纪60年代还在北京101中学读高中时，我仅用少量时间就读完了高中课程，数理化各科成绩都在年级前几名；文科则更轻松些，还担任着校刊《圆明园文艺》的主编。又用了不多的时间自学了大学文、理科的主要课程。我当时的志向是哲学，而哲学在那个年代的定义是"对全部自然科学、社会科学成果的最高总结"。因此，我用最大的一块时间与精力读了大量世界思想史上的名著，包括较难读懂的黑格尔的《小逻辑》、马克思的《资本论》之类。为了提高阅读效率，我还自创速记符号，用各种方式训练记忆能力。一本教科书我要求自己几天就自学完，并且能够应付考试。而一本理论著作，我要求自己看一遍就能搞懂、记忆并能发挥讲授。

后来上山下乡走入社会，我又不断探索提高自己的学习工作效率，研读了更广泛的哲学、社会科学著作，在此过程中总结了一整套效率方法。直到1980年开始写小说，这些效率方法便更多地应用到了写作上。

而危机与时机也就在那时出现了。

那些年我处在一边写小说一边还在研读各学科学问的"效率追求"中，工作强度大，精神紧张，人变得容易焦躁，肠胃也常感不适。若那种状况发展下去，大概很难长时间坚持。幸运的是，由于机缘适合，我在关键的20世纪80年代（对于我来讲，这个年代很关键）悟到了禅。那最初的顿悟给我带来的欣喜可谓难以言表。禅绝非口头上说说的风雅，也绝非读两个公案故事有点意境熏陶，而是身心由内而外的彻底变化，整个世界在你眼中判若两样了。

说换了一个人也并不夸张。

当人一味追求成功与效率时，一定时间内似乎得到发展，但终究可能陷入危机。而禅的领悟会在一个更高层面给你智慧，使你获得生命的解放。从那以后，我由一个多少年高度"用心做事"追求效率的人变成一个越来越"无心而为"的人。那个年代，作家见面常彼此相问："一天能写多少字？"出版社也十分关注作家的创作进度，我却从此进入（不是嘴上说说）每日不计字数、基本不想进度的"不讲效率"的状态。

正是这种"无心"的状态，反而比过去写得更多、更好、更轻松了。

至今几十年的创作中，我出版了二十部长篇小说，三十来部有关人类学、心理学、历史、教育等方面的理论著作，其中不少是六七十万字的大部头。我还每日照常看书研究东西方文化。没有禅悟，大概早就成为焦虑症患者了。有了禅悟，越工作越自在。

二

禅有一句话很经典：无心是道。

无心状态即禅，即彻悟，即解脱。

那么，禅的无心做何理解，禅究竟是什么？是否如有人说的那样"像古代禅僧躲到山里与世无争，图个自在"就了事了呢？

且不说放此话之人空口说说躲不到山里去，即便真的如此，躲进深山老林就能洒脱自在吗？

过去禅僧躲进山里，并非终日兀兀枯坐。

一个禅寺少则百人，多则千人，都在忙碌劳作。除了方丈、首座、监院这样一些担任领导职务的和尚，分管库房有库头，管水有水头，管火有火头，管菜有菜头，管浴室有浴头，整个是劳动生产的大集体，一敲钟都扛锄下地。中国禅宗史上著名的百丈和尚到了高龄还每日下地锄禾，"作务执劳，必先于众"。别人藏起锄头让他休息，他便不吃饭，此谓"一日不作，一日不食"。看来，真正的快乐自在，不是不劳作，而是很勤劳地劳作。

这里含着人生的真谛。

有人问一位禅师如何修禅。

禅师回答：饥了吃饭，困了睡觉。

问者惊讶：莫非别人不吃饭睡觉？

禅师说：那些人吃饭时"千般计较"，睡觉时"百般须索"。

那么，禅的奥妙是什么呢？

困了睡觉、饥了吃饭本是很自然很单纯的事情，但这很自然很单纯的事情却被世人平添了许多拧巴。譬如，你很少能单单纯纯、高高兴兴地吃饭，你在饭桌上应酬着上级、客户或朋友，还得绞尽脑汁地应对各方关系，或许还要赔着不能挂断的笑脸。即使独自吃饭，也会思前想后地考虑着单位的事、家里的事、各种烦心之事。结果你就吃了一顿"千般计较"的饭，多了很多与吃饭无关的累。

千万不要以为这只是一个说说而已的比喻，这里含着禅的本质。

同样是吃饭，为什么你可能很累，而小孩子自顾自地吃喝却能自得其乐呢？

因为小孩子"无心"，你"有心"。你不是单纯吃饭，你有"额外支出"。

这样一想，就会发现我们每日的几乎所有活动都太不"单纯"。

散步本该是最单纯最轻松的事情，然而，你可能不曾真正单纯地散过步。你早晨散步时不曾感受万物生机，夜晚散步时不曾领略头顶星光，而在心头"百般须索"地萦绕着各种事情。

至于工作，各种袭来的杂念顾虑就更多了。

就如你看不清吃饭有诸多吃饭以外的"额外支出"，更看不清工作有许多工作以外的额外支出。

于是你并没有干"太多事"（原本可以干得更多）就累倒了。

各种吃饭之外的累、散步之外的累、工作之外的累、处事之外的累，把你累倒了。

如何使自己"饥了吃饭，困了睡觉"，行为做事单纯自然，是这本《工作禅》的出发点。

三

工作可以说是现代人生活的核心部分。工作做不好，生活也可能过得一塌糊涂。如何使自己工作得更轻松自然、更卓有成效，禅有大用。

禅是一种心灵智慧。

当它与现代人的实际生存相结合，首先就该表现为"工作禅"。

如前面所说，禅并不是不做事。禅只是不焦灼不急躁地做事。我们要善于没有额外支出地工作，要善于全面减压地工作，要善于日理万机、井然有序地工作，要善于事半功倍高效率地工作，要善于拿得起放得下地工作，要善于具有天才灵感、创意不断地工作。如何在成功的同时又健康自在，这里有一整套生存的方法可掌握。

禅的机灵落到实际工作，会化为各种具体的方法。

本书即是这方面的探索与总结，其中的每一个方法都有作者的亲身体验。

这种亲身体验又始终结合着对各种杰出天才人物的工作方法的学习借鉴。一个杰出人物之所以成功，总有原因，其中自然包括他的工作方法。我研究过的杰出人物遍及政治、经济、科学、思想、文学、艺术、实业、金融、法律等各个领域，各个领域的智慧都有相通之处，要善于融会贯通。

而最后就是东西方文化的融会贯通。是禅与各个领域智慧的融会贯通。

说得再具体点，禅与我们通常讲的工作方法都有相通之处。

好的方法必须讲究实用。本书的每一个方法都解决一类问题。那些看来一个禅字都没有的具体方案，因为它"顺其自然"地解决了人在工作中的状态问题，使你工作更轻松自在，更具平常心，更有灵感，已经是禅了。

满口是禅未必是禅。不禅而禅是真禅。

这些年我曾用本书介绍的方法帮助过一些年轻朋友，本书写到的一些案例都源于真实生活。不少年轻朋友在遇到工作困难时就与我交流，这种交流对于他们渡过难关有所帮助。而他们的"更快成长"又起码证明了人可以做得更多，同时活得洒脱自在；甚至可以说，只有洒脱自在才能做更多、更好的事。

本书初名为《心灵太极》，后改为《工作禅》，所用范畴与行文相应做了大的调整，为了使其与现代人更亲和，又增加了新的内容。书中的二十四式讲的是二十四个工作禅法则，它们之间有由浅至深的递进关系。前几式解决比较基本的问题，如果那些最基本的问题都没有解决，更高级的境界恐怕难以企及。很多人就常常被这些"初级"问题挡住了，且并不自觉，因此，建议朋友们循序渐进，从第一式开始一步步来。

当然，这里的顺序又不是绝对的，二十四式之间有各种相互照应。可先将全书浏览一遍，然后，既要循序渐进，又要有所重点。所谓重点就是哪几式当下有用，就先用起来。很多法则从字面上看能明白似乎不难，做起来才会真有感觉，其中的奥妙很值得琢磨。如果有一式或几式的应用使你的工作效率提高了三分之一乃至更多，那并不值得稀罕。如果你由此体会到了工作禅的自在快乐，并对全书有越来越大的兴趣，逐渐深入展开，你会获得更大收益。

二十四式难易不同，有些比较容易一学就会，如第一式"初查忙累账"，只需照做就是了。有些稍难一点，如第三式"发现额外支出"，要多对照实际领会要领。还有的更难一些，如二十三式"静心灵感法"，要多动一点心思，但也不是太难，一些朋友就在我的指导下很快掌握了这种方法，使工作及决策水平提高了档次。

对于工作禅二十四式切忌"想当然"。一想当然，就可能失去了领悟它的机会。如"当好自己的教练"这一式，看起来很平常，实际上却很可能并未真正领会而将之轻轻滑过。因为人们的注意力习惯于放在外部事物上，而不习惯于返回内心。我最初写小说，注意力全在小说上，题材、构思、人物、情节、语言、风格、感觉，从各方面想着如何把小说写好。有了对禅的领悟后才发现，我在写作中忽略了一个更重要的问题。记得有一天突然想到为什么有的时候写作就那么顺，一天一万多字一挥而就，有的时候就那么不顺，枯坐半天一行字也没写出，难道只因为写到小说难易不同的部位了？深省一下才发现，真正的问题是自己前后主观状态的不同。状态好时，难也不难；状态不好时，不难也难。而状态的好坏又是由自己当时的身体、心情、处境等多种因素决定的。自从领会到"主观状态"的重要性，我便把只注意小说如何写变为更注意状态如何调整了。这点悟性使我的写作发生了飞跃。同一个运动员，教练不同结果便有天壤之别。教练指导错误，再天才的运动员都可能出不了成绩。在人生的竞技场上，我们不能只当运动员，还要当好自己的教练，要善于调整自己。

二十四式的要点之一是改变我们的某些习惯，那不是一下就能做到的，要下一点功夫。如果你从某一天起真正懂得怎样当好自己的教练，每天每时都对自己的"状态"有意识有敏感，你一定会判若两人。

二十四式还专门介绍了几种放松身心的方法。这几种放松身心的方法融会了东方禅、瑜伽与现代生理学、心理学的精粹，省时间，见效快。朋友们不妨试试，小方法解决大问题。

本书附录三"禅与现代生活"，感兴趣的朋友可以从中对禅有更深一步的领略。那些看来形而上的论述也含着方法论，只要多体会，就会发现它既是务虚的，又相当务实。

希望本书会有越来越多的朋友领会并喜欢。

希望朋友们的工作与生活越来越快乐，越来越自在，越来越有灵感，越来越得心应手，越来越左右逢源。

一句话，生命即是禅。

预备式

一位年轻的副教授郑重其事和我讨论什么事最难。

他说：得了绝症想战胜绝症活下去，很难；陷入绝境想反败为胜，很难；企业濒临破产想起死回生，很难；但这些难都难不过他当下面临的难。

我问他，当下的难是什么？

他神色疲惫地叹道，他想在现代生存压力下活个成功，但纯粹因为太累，力不从心，而陷在困境中活不出来。

这位副教授将"纯粹因为太累"说得很重。

我问：这为什么最难？

他说：这个死局看着简单却围困了成千上万人，谁都没有办法。这难道不是最难吗？

这话听来似有夸张，但很真实。很多人和他差不多。

年轻的副教授说，他颇看了些书籍，听了些高论，还是没解决问题。

可以理解。面对当下比较严酷的生存境况，确实来不得一点纸上谈兵。

那么，如何解决这个看似简单又"最难"的问题，怎样走出这难解的人生困境呢？

这让我们想到草山公园有座很难走出的迷宫，叫死亡之谷。

每隔半小时，便放一批大胆的探险者进入。

门口的告示：凡要赶火车、赶飞机和各种约会，没有足够耐心或勇气的人，请勿草率进入。而进到里面的绝大多数人在经过一段探险后会陷入进退不得的困境。面对错综复杂的巷道，你会感觉如入死牢。大约半小时后，相夹的石壁上会亮起红色的"自助按钮"，一按，就会出现一个指示方向的绿色箭头。到了岔路口想继续求助，眼前又会出现按钮。一个个绿色箭头组成了指示系统，标出了走出迷宫的正确路线。

在人生中走出困境有如走迷宫，也要知道从哪里起步，第一步怎样走，第二步怎样走，在每个岔路口都要有正确的方向。

或者说，必须有可操作的程序。

我们知道，电脑操作要用程序，没有程序，想进入一个网站，浏览一份资料，完成一次交流，是不可能的。然而，我们可能不知道生活中同样需要讲究程序。

要使自己活得更好，这个目的不错。

面对生存压力想走出困境，也不容置疑。

为什么有些看来不错的说法却达不到目的呢？

是因为没有具体可执行的程序。

工作禅，可以说是专为人们走出生存困境设计的一套程序，也可以说是帮助朋友们走出迷宫的一个个绿色箭头组成的指示系统。

如果你的情况如那位副教授那般困难，那么，这套工作禅将从最初的解困开始帮助你启程；如果你的境况好一些，甚至看来相当不错，那么，这套工作禅将帮助你比较显著地提高工作效率，进入更高的发展境界。正如"序"中所说，工作禅二十四式有由浅入深的递进层次。从最初的减压开始，到逐渐深层的减压，在减压中逐级提高工作效率，再深入到调整自己的情绪，进而调整自己的整个状态；最后进入灵感天才的创造状态。

这套操作程序已经帮助很多朋友走出了人生困境，包括刚刚提到的那位年轻的副教授。

本书虽然贯彻西方心理学与东方禅道的经典智慧，但突出的是操作性。为了使想在理论上一探究竟的读者有所满足，我在某些章节加了注释。

看完这段文字，你算是按亮了走出迷宫的第一个自助按钮，也算完成了工作禅的"预备式"。

你已经预备好了一个信心。

通过工作禅的一式式操作，定会达到人生佳境。

第一式　初查忙累账

一位年轻的工程师对我诉说生活的重负与辛苦。他还不到四十岁，已然星星白发，一张憔悴的面孔也将他的辛苦做了告示。

我问他：每日忙累些什么？

他说：无非是班上班下，家里家外。

我说：先把你的忙累开一个忙累账。

他有点发愣：忙累账？显然，这位工程师从未想过要开这样的账目。

他想了一下，向我描述了大概。妻子在市里工作，儿子念小学，家住城里，自己在郊区上班。每天五点起床赶班车，下班到家七点多。有时双休日还要加班。厂里生产线更新换代，他作为业务骨干任务特别重。

似乎都讲清楚了。一般人问到此听到此，也就为止了。

我却问：你每天吃完晚饭几点？睡觉几点？

他说：一家三口吃完晚饭一般就九点了，睡觉十一二点。

我问：你每晚九点到十一二点这段时间都在干什么？

他显然没想过这个问题，搔着头想了一阵，说：有时辅导孩子学习。

我又问：天天辅导吗？辅导到几点？

他说：也不是天天辅导，辅导也到不了十一二点。

我问：那么，晚上的时间到底花费在哪里？

妻子从旁插过来一句话：他有事没事就爱坐在电脑前玩游戏。

再问也就明白了，这位工程师常常因为工作压力大情绪郁闷就打游戏。明知打游戏耗神，可一旦打开了又不可自拔。每次打游戏开头似乎都转移了一点郁闷，但结束时却更加疲劳和沮丧，有时还会生出一点莫名其妙的绝望。

工程师面对这笔账目的暴露有些不好意思。

我又问：双休日除了加班还干什么？

在妻子的旁敲侧击下，他说：有些应酬。

他是一个对老同学、新朋友都热心仗义的人，朋友同学的婚丧嫁娶、节假日聚会都很热心。

我说：人生要讲取舍。游戏虽然好玩儿，各种社交应酬看似人生热闹，却都在影响你的状态。

我的建议：一是将每晚打游戏的时间改为下楼散步；二是将双休日的应酬删掉一半，改为休息。

他对第一条表示接受，对第二条稍有犹豫。

我说：做好男人既要能热心应酬，更要能拒绝不必要的应酬。对外面的事，雪里送炭，去；锦上添花，免。

他在妻子的注视下终于点了头。

几个月后，这位工程师面貌焕然一新，家里家外也顺心多了。他说：这么简单的道理自己过去怎么发现不了呢？

我笑着回答：灯下黑嘛，人常常最看不清的是自己。

工作禅二十四式贯穿一个基本精神，就是清醒地透视自己，智慧地把握命运。

那位工程师按说智商很高，但当他陷入人生迷局找不到正确途径时，只能陷于劳累与辛苦。

"初查忙累账"的操作要领有三条：

一、详细开出自己的"忙累账"。

很多人说忙累，并没有弄清楚自己在忙累什么。

忙和累如果是一笔糊涂账，人就会成为糊涂人。

二、从忙累账中找出那些给自己添累的多余负荷。

如果某些生活习性属于奢侈性的时间消费，并造成了人生困境，它应该引起重视。

三、果断去除多余负担。

这里只需一个决心，或者说需要一点战胜自己的力量。

就像那位工程师中断每晚打游戏的自我沉溺和拒绝某些过去难以拒绝的应酬，都需要战胜一点旧有的习惯心理。

掌握了工作禅第一式，不仅有问题自己可以解决，还会移花接木触类旁通地帮助他人解决相同的问题。

"初查忙累账"是我们消减生存压力、走向自由人生的第一步。不迈出这最简单的第一步，谈其他高技术肯定离题万里。不能把明显多余的重负卸掉，任何所谓自在洒脱的高招都会失去基础。

感到比较忙累的朋友不妨先尝试开列一下自己的"忙累账"，可能会有意外收获呢。

- 初查忙累账
- 学会断舍离
- 职场不焦虑
- 禅定工作法

扫码查看

第二式 末位淘汰法

古书记载，南方曾有一种飞禽叫锦雀，个子比野鸡大，有更长更美的尾巴。美丽的长尾是锦雀的骄傲，求偶时要炫耀，胜利时要张扬。然而，每当季节变化需要长途迁徙时，锦雀会自行啄掉最长的几支尾羽。

这样，我们就讲到"预备式"中提到的那位年轻副教授了。

他认为，天下最难的事就是现代人难以摆脱的纯疲劳，许多人被困在这个看似简单的问题中不得解脱。对于这位副教授，你用工作禅第一式"初查忙累账"，他既不打游戏，也不泡吧，更不玩儿麻将，各种人情世故的应酬都精减到不能再减的地步。可以说，他没有任何奢侈性的时间消费，全在忙他的事业，奔他的成功，但纯粹的疲劳已不堪忍受。他也采用过一些自我调整的招数，均不奏效，身体各方面开始报警。

我的方法，还是要先帮他查"忙累账"。

不过要深入到他的事业中。

我问他，第一忙什么？

他说上课。作为大学副教授，这天经地义。

第二忙什么？带研究生，这也无可非议。

第三忙什么？写学术著作，这似乎是重要又必要的劳作。

第四忙什么？跑科研项目。这对于一个大学执教的人来讲至关重要。有了项目，无论从学术研究，从带研究生，从人生状态、自我感觉、经济收入，都大不一样。

再往下，发现他忙的事多了：还要跑学术交流中心的施工，还在一些公司当顾问，还不时出去讲学，在一些学术期刊当编委，为一家报纸写专栏，甚至还在双休日"走走穴"，为一些大公司做培训。"纯粹是为了挣点钱。"他稍有些不好意思地解释道。

说来这一切都不算玩物丧志，都在忙正经事。对一个想在人生舞台上活得更壮观的年轻人来讲，无论是发明创造、学术地位，还是挣钱买房买车等实际考虑，都在情理之中。

我对这位副教授讲：把你正在做的事情排排队，最重要的排第一位，按顺序下来，二三四五六一直往下排。

他想了想，拿起笔。开头很顺利，几乎和刚才讲的顺序一致。一是上课，二是带研究生，如此等等。排到中间，他开始对某些项目谁先谁后有些踌躇。

我说：大概确定下来就可以，主要是把最后两位顺序确定。

最后一位是双休日"走穴"。

我说：把最后一项删掉。

副教授盯着我问：这就行了？

我说：先删掉这一项，如果还力不从心，就再删倒数第二项。

副教授说：你这是末位淘汰嘛！

我说：对。

他皱了皱眉：就这么简单？

我说：就这么简单。

副教授半信半疑。

我说：把你的犹豫说出来。

他想了想，说：第一，我不太相信自己的问题能被这样简单的方案解决；第二，自己现在做的这些项目，无论是当顾问、开专栏、"走穴"，都在进行中。如果中断不做，就可能失去机会致使后悔不及。辞去一个头衔，再想恢复就不大可能了。

我讲了"锦雀舍尾"的故事。我说：锦雀的尾巴并非一两天能够长成的，舍掉它确实很可惜。但如果不舍掉，无法长途飞行完成季节迁徙，就可能冻死饿死。

做事情必须从全局考虑，要有成本收益核算概念。

副教授说这些道理他当然明白，不过依然不情愿舍掉某些项目。

我直率地说：不少大学和科研机构都有中青年教授和知识分子英年早逝，你现在的心脏、血压已经开始出问题了，肝脏也不太好，莫非真想步那些悲剧的后尘吗？

副教授虽然一时难以相信如此简单的方法能解决问题，然而，别无他法，也只好这样尝试了。

删掉了双休日"走穴"，他感觉状态略有好转。

我建议他再删掉一项，他犹豫再三，又推掉了给报纸写专栏。

结果，情况明朗了，用他的话说，有点拨云见日的意思，整个身心状态都抖擞起来。次要的事少做了一两项，主要的事反而做得更好了。因为精力富余，脑袋瓜儿灵活，跑科研项目原本希望不大，居然很快跑成了。论著不但提前一个月完稿，还因为重写了精彩的绪论，把全书拔高了一截儿，一出版就得到好评，年底获奖有望。再有，因为他精神好情绪好，妻子孩子都比过去快乐了。

副教授说：没有料到自己看似智商很高，却因急功近利的野心被蒙蔽了一块。

用他的话总结，这真成了"锦雀舍尾"远走高飞了。

高智商的人常犯低级错误。

那么，为什么有的人浏览了不少书籍，听了不少高论，还找不到走出困境的途径？是因为人往往最不会给自己算账。企业会因为贪大求多而破产，人会因为项目铺排过多过大而欲速则不达，人生做了赔本买卖。

这个例子注释了工作禅第二式"末位淘汰法"。

　　"末位淘汰法"对于那些做事力不从心的人来讲，常常是要紧的救命之招。

　　这一式的操作要领是：

　　一、不要认为自己所干的全部正经事都是必要的。

　　二、将所有项目罗列清楚，按其重要程度排好顺序，舍弃最末位的一项。

　　三、当必须有所舍弃又犹豫不决时，对自己给予警醒的棒喝。

　　四、若舍弃一项还不够，再舍去一项或几项。

　　支持你继续舍去的依据是，首次舍去已初见成效。

　　工作禅第一式是"初查忙累账"，第二式"末位淘汰法"其实是"二查忙累账"。

第三式　发现额外支出

完成了前两式，更难解决的问题在我们面前出现了。

很多人面对的人生困境是第一式"初查忙累账"解决不了的，那些朋友基本上不打游戏消耗自己，也把无关紧要的应酬压缩至最低。对于第二式"末位淘汰法"，他们很难再删减掉什么项目，比如一些职业经理人，他们从不在社会上兼职当顾问，仅仅业内工作就疲惫不堪了。

这时候，工作禅推出第三式：发现额外支出。

这一式非常关键，是工作禅其后几式的基础。

也可以说是"三查忙累账"。

这里要发现的是一般人根本注意不到的支出。

应该说，人生的大量支出隐蔽在我们的视野之外，当智慧未被擦亮时，它们像河底的石头，占据了河床的巨大空间而不被觉察。只有水落石出时我们才发现，原以为宽阔的河床已经有许多空间被占据了。

一位做保险的女士很苦恼，她说自己不仅没时间玩乐，也从不做没必要的应酬。除了本职工作，别的什么都顾不上，还每天忙累得要死。我断然告诉她：你说的是假话，你根本没有那么忙。她很委屈，说：是真的，我每天忙累得一点富余精力都没有。

我说：你现在好好想想，你最累的几天是什么样子？

她想了想说：记得有一次等一个大单，干等了一天也没等到结果，下班回家累得楼梯都爬不动了。还有一次女儿生病，她因为急着去上班，让丈夫送女儿去了医院，结果在班上心神不定十分牵挂，差点晕倒。还有一次因为小小的失误遭到总监严厉训责，一整天都像霜打的茄子无精打采。

我说：看看你最累的几天，都不是因为忙业务。为等单子你明明什么都没干，却把自己累得连楼梯都爬不动了。女儿病了是丈夫送去医院的，你却在班上差一点晕倒。挨了上司的训斥并没有增加你的劳动，你却一整天像霜打的茄子。现在，你知道自己累在哪儿了吗？

她愣愣地看着我，似乎有一点醒悟。

我说：你要是能领悟到这一点，就可能立地成佛，成个自在洒脱之人。

她说：您的意思是……

我说出了重要的结论：你累在了没有必要的"额外支出"上。

她问：什么是"额外支出"？

我说：就是多余的、不必要的、没有任何意义的支出。

她问：用什么标准来衡量？

我说：衡量一个支出是不是属于额外，最简单的标准是看它能否减掉。

她有些迟疑地问：莫非我的许多努力都属于额外支出？

我说：当然不能这样说。做保险是要付出努力，但是你那天等单子，努力了什么呢？无非是一个悬念从早到晚折磨自己，而你在这个过程中完全无所作为。这就是没有必要的"额外支出"。

她说：可这种情况总免不了呀！

我说：这就要看人的悟性了。如果那天我在旁边，就会告诉你，没必要这么提心吊胆地牵挂。事情成也好，不成也好，努力了，就要顺其自然等待结果。古人讲"谋事在人，成事在天"，很多事情除了努力，还要机缘巧合。至于那份保险单，不管你牵挂不牵挂，事情的结果不会两样。明白了这个道理，你的心理支出就会减去一多半。

她点头：那是。

我说：如果你能常用这种声音开导自己，不一样有效果吗？

她又点了点头。

我说：如果那天你这样开导了自己，又接着去做别的事情，不仅情绪被转移了，工作效率还会提高。

这位女士心情开朗起来。

她说：这真让我看到出路了，我知道自己累在哪儿了。我们每天都有很多"额外支出"。认清自己每日有大量的额外支出，并且善于削减它们，才会获得发展的空间。

我说对，接着讲了一番比较系统的话。

认清额外支出这一点，对于人生有重大意义。

千万不要认为，我们每天的努力与劳作都是必要的支出。

额外的、不必要的支出不仅存在，而且量很大。

我们每天的必要支出是哪些呢？上下班要挤公交车，到班上要工作，回到家还有家务。这些肯定都要消耗体力。

这些支出对一个人构成必要的压力。

然而，在这过程中却存在大量不必要的支出。

譬如，上班堵车是常事，为它花费时间不可避免，如果堵车时你心态不好，就会平添不必要的焦虑。"干着急"会增加你的疲劳，真不管它，坐在车上也算休息了。

又譬如，人在工作中会面对许多抉择，抉择就可能有所犹豫，有所权衡。如果犹豫过分，到了斤斤计较要死要活的程度，在心中反复折磨自己，就会心理消耗很大。做事情不能不想，但"想得太多"，不能当机立断也是徒添疲累。

又譬如，人在生活中难免会有某种不安全感，怕生病，怕丢工作，怕这样那样的不保险。适度的不安全感是必要的，就像女儿生病，先生送她去医院，你有点担心很正常。但是，夸大了不安全感，就可能付出多得多的不必要的焦虑和精力。

又譬如，某件事情远不该提上日程，你却提前支出并为此焦虑，像俗话讲的"傻子过河，离河二十里脱裤"。

这些精神支出有相当大程度是"额外"的，纯属徒劳无益的用力。

这位女士听明白了，说：人很多支出都是做事以外的瞎操心。"发现额外支出"的道理说来简单，可惜大部分人都意识不到。

她的领悟很恰当。

我告诉她，发现每日工作与生活的大量额外支出是重要的智慧。懂得了这一点，就能一下打开思路，知道自己还有很大的减压空间，心里就敞亮了——还没减压，已然减压。减压的空间同时就是提高效率的空间，事业会立见发展。

做保险的女士谈完话，心情开朗地说：我理解了，就是以后别太事儿。

老北京话"别太事儿"，其实很禅。①

这个故事注释了工作禅第三式"发现额外支出"。

"发现额外支出"的操作要领是：

一、列出自己的"忙累账"。

二、发现"忙累账"后面的"潜账目"，即发现表面行为后面

---

① 著名禅师沩山灵祐讲过，所谓得道人，就是"无事人"。

禅的道理说通俗了就是减少心头之累，让心累少而又少，以至于"无"，这就是禅的彻悟。

如果附庸禅雅而未减心头一分累，那就是没用的口头禅了。

"心的劳累"。

三、发现这些劳累相当部分与工作无直接关系，不属于工作所需的必要支出。

如何真正有效地减少额外支出，是下一式要深入解决的问题。

第三式"发现额外支出"只是其开端。

● 初查忙累账
● 学会断舍离
● 职场不焦虑
● 禅定工作法

扫码查看

第四式　分门别类·细化额外支出

我们在工作禅第三式中，发现了过去没有发现的"额外支出"。

这样，我们就进入了工作禅第四式：分门别类·细化额外支出。

我们又要提起那位做保险的女士。

"发现额外支出"给了她走出人生困境的出路。

在那次谈话之后，她常发来短信，表明她的欣喜和进步。譬如说，她又消灭了一项额外，又清理了一项老额外。她把"额外支出"简称为"额外"，很有趣。

她更深入一步问：如何才能更好地减少额外支出？

我告诉她：首先要将自己的额外支出分门别类厘清一遍，将它们的分布情况搞清楚。

她照我的建议做了。

又过了两个月她来见我，那天她穿着一件紫色风衣，原来三十一二岁看着像三十五六岁，现在神采飞扬像二十五六岁。在上一式中我称她为"做保险的女士",现在她更像"做保险的女孩儿"了。她叫晓林,说自那次谈话以来,她的业绩比过去上升了三分之一还多,且工作事家里事都很顺畅。

她的总结是:都是额外惹的祸,额外害死人。

晓林拿出几页打印纸,说这是她对自己额外支出分门别类①的清理。

她将自己的额外支出分成简单的三门:

第一门是工作。

第二门是人际关系。

第三门是家庭与感情。

晓林指着第一页说:这是第一门,工作中的额外支出。

有关工作的额外支出列有二十多条。最主要的是两条:一是等单子时的悬念和牵肠挂肚,特别是等一些大单,常常比和客户谈话还累;二是眼看着一些要做成的项目阴差阳错没做成,那种受挫感和沮丧往往比加几天班都辛苦。

我说:这两条说到底是一回事,就是"输不起"嘛!

晓林说:现在我明白这些都是自我折磨。人就得想开点,胜负乃

① 分门别类有很多方法。
"做保险的晓林"按工作、人际关系、家庭与感情三门划分是最简单的,完全可以有更多的门与类。
本书附录一"减压新思路——消除十二种额外支出"就是一种特殊的分门别类。
读者可以根据自己的情况划分。

兵家常事。努力了，事成事败要听天由命。输不起就是白支出。想明白了这一点，无论是等单子还是业务受挫，都不像过去那样难受了。

我称赞她讲得对：工作中的额外支出常常占最大比重。每个人的额外支出不一样，要根据自己的情况总结。

晓林指着第二页纸说：第二门人际关系的额外支出也不少。

最折磨我的是两个关系：一个是和上司的关系，一个是和客户的关系。这两种人际关系最重要，也最影响情绪。上司一个脸色能让你别扭好几天，如果再有几句不满和训斥，更会心堵得厉害。在客户那里，有时碰上太伤自尊的，再训练有素也难咽下那口气。

我说：这种人际关系中的辛苦是心理问题。不懂这个道理，自己干受罪。

晓林笑了：是这么回事。我现在就常常能换个角度，比如挨了训，想想当领导的也不容易，发脾气有他的道理，自己的难受就消化了一大半。能消化这些额外支出，会少很多辛苦呢！

她说到这里还专门强调了一下：辛苦其实就是"心苦"——心里苦嘛！

晓林又指着第三页纸说：第三门是家庭与感情，我的额外支出也很明显。

我有一位同事，对老公不放心，一天到晚又查手机又随时监控，坐在班上也会心神不定脸发灰。照我看，老公对她挺好，就是爱玩儿。我劝她，你这不是自找罪受吗？人家真跟你有外心，你想看也看不住。人家没外心，你就纯粹是瞎找事。你得想办法解决这额外支出，要不工作受影响，身体也会变糟。

说到我自己，我的三口之家不错，老公和我感情好，我对他挺放心。

我的主要额外支出，第一是对女儿操心过分。

我是多次流产后才怀上女儿的。女儿一岁时，一次不小心我把她摔到地上，受惊吓的后遗症拖了好几年。从那以后我就对她特别担心，无论上幼儿园，下楼玩耍，总有一根神经抻着。现在我明白了，这么紧张脆弱不仅无济于事，还会对孩子有负面影响。天凉了总怕孩子穿得不够多，结果女儿经常被捂得感冒。怕孩子不安全，走哪儿都跟着，女儿缺乏必要的人际交往锻炼，胆子很小，这样长大了更让人担心。现在我心态放松了，能撒开手一点，女儿的精神和身体反而比过去好多了。

我的主要额外支出，第二是对待父母的问题上心理十分脆弱。

父母一直住在老家，我这边的住房条件也接纳不了他们。现在他们年纪大了，身体不太好，我就特别担心。只要手机一响，一看是家里的号码，立刻精神紧绷，心脏都跟着难受。听了你的建议，第一，该做的事要尽可能做到做好。譬如，每年争取多回去几趟，能花钱请人就花钱请人，照顾好老人的生活起居。第二，做到这些了，就要达观。生老病死谁也不能抗拒，万一父母生病了也别害怕。自己状态好了，老人的日子也会舒心。若是听父母咳嗽一声就担心他们得肺炎，反而对老人不好。

晓林说到这儿抖了抖手中的几页纸：详细的您看书面吧，我有件更高兴的事要说呢。

晓林说，两年前她体检查出肝上长了个囊肿，医生建议手术，她担心是癌，一直不敢去，心理负担很重，总担心活不长了。这几个月不断给自己消减"额外"，很多事不那么轴了，对肝囊肿也想通了，该手术就手术吧，免得疑神疑鬼的。谁知再去医院检查，发现肝囊肿消失了。

她说：我想是因为这几个月心情好，也有时间爬山、游泳锻炼了，说不定就把肝囊肿消化了。医生也说这种情况是有的。那天去医院老公拿着化验单告诉我，我开始还不相信，以为他哄我，知道是真的就抱着老公哭开了。晓林说到这里，不好意思地掏出手绢擦了擦眼睛：真没想到，一个发现额外支出，一个分门别类，把我整个解放出来了。

我特意问：将额外支出分门别类清理后，有什么好处？

晓林说：就像一个人有毛病，注意了就能克服。现在知道自己都有哪些额外支出，一遇到那些点就会提醒自己注意，额外支出自然而然就少了。

晓林的例子很典型地注释了工作禅第四式"分门别类·细化额外支出"。

希望朋友们也对自己的额外支出进行分门别类的厘清。

前面几式中，讲到要清查"忙累账"。

这一式我们要厘清的是"苦累账"。

忙累账相对来讲比较好厘清，苦累账在心里，清理时要难一些。

"分门别类·细化额外支出"的操作要领：

一、分门别类厘清额外支出时，要注意依据自己的特点。

二、每一门的多种额外支出，既要求全面，又要突出重点。

三、厘清的结果要一目了然，使自己每临额外支出时便能自觉。

对额外支出进行分门别类的厘清，本身就能有效地减少额外支出。

第五式　真相大白·发现多余焦虑

现在，我们不仅发现了自己的额外支出，而且通过"分门别类"，厘清了额外支出在工作、社交、家庭等方面的分布。

往下要问一个问题，这些支出都是些什么样的支出呢？

有些朋友可能会说，心理支出呗！

这个看来笼统的回答却让我们接近正确的探寻。

我们开始工作禅第五式：真相大白·发现多余焦虑。

什么是多余焦虑呢？

生活中的例子比比皆是。

比如坐飞机有风险吧？有一点，但微乎其微。坐飞机时稍有一丝焦虑可以理解，倘若还没坐上去就吓得半死，甚至终生不敢坐飞机，这无疑是过分焦虑了。

再比如"杞人忧天"的故事，讲的是古代杞国有个人，因为每日担心天塌下来而忧心忡忡，就是多余焦虑的典型。

往下将逐层深入地探究，我们的额外支出是什么成分？

第一，正如朋友们刚才回答的，额外支出是心理的支出，而不是生理的支出。

它是我们做每一件事的过程中，心中多余的累。

当然，"心累"最终会造成身心两方面的疲劳，那是后话。

第二，我们进一步探究，额外支出属于什么样的心理支出？

人的心理活动多种多样，任何心理活动在支出心力的同时也会消耗体力。譬如，我们的理智思维，逻辑、判断、计算、推理等，都要有支出。无论是编程、写作还是策划，过度用脑也会疲累，然而，我们的额外支出大多不属于这样的理智思维。

理智思维常常是做事的必要支出。

而额外支出是非理性的，更具体说是情绪的。

譬如，做保险的晓林被总监训斥后，像霜打的茄子般无精打采，那就是情绪在作怪，而非在脑子里做过多少计算。女儿病了，她不能亲自送去医院，在班上的百般牵挂也是情绪的折磨。

第三，我们接着探究，额外支出主要是哪一类情绪支出？

情绪有很多种，好情绪如欣喜、快乐、安详，这些通常不会增添人的疲累。坏情绪如沮丧、悲伤、痛苦、恐惧、忧虑、怨恨、冤屈、不安、惭愧、歉疚、苦闷等，过分了都可能成为额外支出。

那么，哪种情绪在额外支出中排在首位呢？

一位电视台女主持人回答：烦恼。

我告诉她：烦恼只是一种笼统的说法。我们通常所说的沮丧、痛苦、愤怒、不安等坏情绪都可以称为烦恼，因此，说烦恼等于对这个问题没有回答。

正确的回答是，我们的额外支出不仅是心理的，是情绪的，而且就情绪而言，首要是焦虑。

譬如，做保险的晓林等单子等了一天没等到结果，累得楼梯都爬不动了。其实那一天她什么活儿都没干，折磨她的主要是焦虑。她被总监训斥后萎靡不振，表面看来是委屈和怨恨，更深刻折磨她的是焦虑和与上司的关系如何处理，焦虑自己在公司的处境。

只要想一想自己每天心头最累的情绪是什么，就能得出同样的结论。

你求职，必然有求职的焦虑。你工作，无论是做业务还是处理人际关系，都可能产生焦虑。你养家糊口，想住大房买好车，钱挣得不够多，又会焦虑。和爱人、父母、孩子有了矛盾，依然会焦虑……人的命运布满了各种焦虑。

佛教讲断除烦恼，是指一切让人苦累的情绪。

焦虑常常是心头的第一苦累。

第四，我们继续探究，焦虑是属于过去时、现在时，还是将来时的？

从心理学中得到的结论是：焦虑大多是指向未来的，是将来时的。

譬如，求职失败了，有受挫感，这是针对"过去"的事情。这种难受虽然可能很强烈，假以时日总会过去。一种更强烈的情绪却可能更持久有力地折磨你：往下如何继续求职？一直找不到工作怎么办？这种情绪就是指向明天、指向未来的。

又譬如你损失了一笔钱，沮丧是指向"过去的"损失，接着你会为钱可能不够花而烦恼，这就是指向"未来的"焦虑。

第五，那么，我们要探究，焦虑到底是必要的，还是不必要的？

那位电视台女主持人为了避免不良情绪伤害自己，曾在墙上挂过一个条幅：不焦虑。

我告诉她：如果你在工作中遇到难点却毫不焦虑，反而吊儿郎当满不在乎，你有可能调动起自己的全部才能解决问题吗？她很惊讶，问我什么意思？我说：如果一只兔子对洞穴外的狐狸毫无焦虑，随随便便想出洞就出洞，它的生命安全还有保障吗？

女主持人说：你的意思是不要不焦虑？

我说：必要的焦虑要，不必要的焦虑不要。

焦虑在一定限度内是必要的。一只野兔对洞穴外的狐狸要有一定的焦虑，这样才能提高警惕避免危险。如果一点焦虑没有，兔子必然会被狐狸吃掉。

然而，如果过分焦虑，些微的风吹草动就吓得要死，别的兔子三番五次出去觅食都能安全回来，它却因为过分恐惧，宁肯饿着肚子也不敢外出，这种过分的焦虑无疑是不必要的、多余的，最后只能被饿死。

一个重要的结论是：我们大量的额外支出，说到底主要是"多余的焦虑"。

第六，我们已经"真相大白"，发现了额外支出主要是多余的焦虑。

我们厘清额外支出，主要是厘清多余的焦虑。

既然在生存中不可能完全不焦虑，我们就要尽可能减少那些不必要的焦虑。

我对电视台女主持人说：把"不焦虑"改一个字，要"少焦虑"。

我们绝不做忧天的杞人。

要把多余的焦虑像清除石头一样从心头一块块清除掉。

"真相大白·发现多余焦虑"的操作要领有三：

一、尽早对自己各方面的多余焦虑进行一番厘清。

二、这种厘清并非一劳永逸，应隔段时间就进行一次。

三、把"少焦虑"三个字作为座右铭。

只要有了减少多余焦虑的自觉意识，多余的焦虑就会逐渐减少。

· 初查忙累账
· 学会断舍离
· 职场不焦虑
· 禅定工作法

扫码查看

第六式　减床去屋·从最多余焦虑开刀

通过上一式的操练，我们将多余的焦虑做了一番盘点，焦虑已经有所消减。

那么，如何进一步消减多余的焦虑？

我们就推出工作禅第六式：减床去屋·从最多余焦虑开刀。

一定要注意这个"最"字。

这是消减多余焦虑的关键。

什么是最多余的焦虑呢？

就是最不合理、最容易拿掉的焦虑。

它分三种类型：

第一种类型的最多余焦虑，是"最远的焦虑"。

一位中年女性整日忧心忡忡，对工作焦虑，对人际关系焦虑，对子女的成长焦虑，对自己的身体健康焦虑，对丈夫的工作发展也焦虑。

解决她的问题就要先拿那些太远太不着边际的焦虑开刀。

譬如，女儿正在美国读博，还有一年毕业。女儿毕业后能不能找到工作，成了她当下最大的焦虑之一。

面对这个她每天必念的话题，我告诉她：你根本用不着焦虑。第一，女儿毕业还有一年，时间还早呢，没必要提前支出。第二，这是孩子自己努力的事情，父母再焦虑也无济于事，你的状态不好只会给孩子添烦。第三，万一女儿在美国找不到工作，回国发展未尝不好，说不定回国后机会更多呢。

道理说通了，她把这太远太不着边际的焦虑基本拿掉了。

然后，再找一项不着边际的"最远的焦虑"下手。

这里，拿掉最多余的焦虑，就是从拿掉"最远的焦虑"开始。

由远及近，逐项拿掉多余的焦虑。

第二种类型的最多余焦虑，是"最上的焦虑"。

一位年轻人大学毕业后进入一家跨国公司搞编程，向我诉说工作压力大，难以排解。

我问：压力大表现在哪里？

他说：先是对工作有焦虑，最近又对身体有焦虑，觉着这么年轻好像精力就不太够了。

我先讲了工作禅第四式"分门别类·细化额外支出"，又讲了第五式"真相大白·发现多余焦虑"。

我告诉他：你本不该有那么多焦虑，很多焦虑是多余的。

他问：如何才能去掉多余的焦虑？

我说：首先要了解焦虑的性质。中国有个成语叫"叠床架屋"，讲的是床上叠床、屋上架屋，是重复多余的意思。焦虑也有重复叠加的性质。

譬如，你编程遇到困难，肯定要费脑筋，会伴随一定的焦虑，这个焦虑是解决问题必要的，如同第一张床是必要的一样。但是，因为太着急，对自己的工作效率生出不满，这种干着急就属于床上架床，多余了。干着急不仅添累，还扰乱思路，使你白添了累还干得更没效率。那么，这第二张床就是多余的。

接下来，你还可能因为焦虑而失眠上火，发展下去还会肠胃不适，内分泌失调，于是就开始为身体焦虑，觉得自己体能太差，无法胜任眼前的工作。这就架上第三张床了。

若不自觉，你的焦虑还会叠加下去，如此，再架上第四张床、第五张床也是可能的。

年轻人似有省悟。

过了一会儿，他问：去除多余焦虑从哪儿开始呢？

我说：床上叠床是由下至上，要拿掉多余的床，是不是该反过来呢？

他说：先拿掉最上面的一张床？

我说：对，一张一张拿下去。

这个例子讲到的焦虑特性非常重要。

焦虑就是这样叠床架屋，一层层叠加起来的。

最多余的焦虑常常就是"最上的焦虑"。

消减多余的焦虑，自然要"减床去屋"，从拿掉最上面的焦虑开始。

我对年轻人说：首先，你对身体的焦虑是不必要的。身体不适是工作压力，特别是你的干着急造成的，其他人遇到这种情况也会感到力不可支。先把对身体的焦虑拿掉，你就轻松一块。

我接着说：我们再来看你为什么要那么着急？

他说：想把手头的任务提前完成，早点回老家探亲。

我笑了：探亲可早可晚，用不着太轴。你定了这么个没太大必要的进度，结果就累着了自己。

他说：有这么严重吗？

我说：当然有这么严重。一个不合理的进度表，常常可以把强有力的甚至天才人物打垮，很多有才干的人就因为对人生有过高的进度要求搞得英年早逝。

小伙子拿掉了没必要的赶进度，干着急的焦虑便消失了。

因为去掉了多余焦虑，身心愉快，工作反而比原计划提前完成。

这就是对"减床去屋"的经典注释。

第三种类型的最多余焦虑，是"最后的焦虑"。

所谓"最后的焦虑"，就是为焦虑而生的焦虑。

因为工作生活压力大，你已经很焦虑。你对自己的焦虑状态很着急，想要克服它又找不到办法。就像一个人生病以后到处求医，百治无效一样，又添了新的焦虑。

这种焦虑的焦虑很要命，这种焦虑的焦虑又最多余。

消减多余的焦虑先要从它开始。

首先要告诉自己，过分的焦虑状态是可以调整的，关键要找到方法。在没找到正确方法之前乱着急，为无法摆脱焦虑而焦虑是最傻的。

工作禅第六式"减床去屋·从最多余焦虑开刀"的操作，也要遵循天下万事由易而难的规律：

一、先拿掉"最远的焦虑"。

二、先拿掉"最上的焦虑"。

三、先拿掉"最后的焦虑"。

三归一的要领是，从最多余焦虑开刀。

第七式　轻装上阵

我们知道，古时军队决战前都要厘清整顿一番，来个"轻装上阵"。连年征战，官兵都少不了大小包袱，不甩掉这些包袱，军队不但难能取胜，甚至可能被消灭。

现在，为了赢取人生的更大胜利，我们也该好好厘清整顿一番，轻装上阵了。

虽然每个人处境不同，焦虑也会不同，但对于现代人，又有很多焦虑是基本相同的。

工作禅第七式：轻装上阵。和朋友们共同操练，消减大多数人可能有的多余焦虑。①

一位公司老总问，能不能设计一种大多数人都适用的十分钟减压法？

---

① 关于消减当代大多数人都可能有的焦虑，读者还可参考本书附录一"减压新思路——消除十二种额外支出"。

我说可以。

现在，请朋友们与我同时开始这个训练，只要以参与的心态逐句读下去，边读边联想即可。

家中放几十万现金，你会不会时时牵挂其安全？当然会。方法是把它存入银行，交给银行保管。脑子里想着几个重要约会，还有几个必须打的电话，你会不会反复牵挂怕遗忘？当然也会。方法是把它记在记事本上，交给记事本保管。

生活中很多不必要的负担，都应交到应该交付的地方：

将钱交给银行。

将怕忘的事情交给记事本。

将方方面面的工作交给各个负责的部门。

将无法预测的未来交给命运。

将今天没解决的问题交给明天。

将烦恼交给自生自灭的情绪规律。

将没必要背的包袱交给大地。

将孩子的成长一定程度上交给孩子自己。

将多余的牵挂交给过眼云烟。

将难以忍受的内心折磨交给知心朋友。

将恋人有关忠贞的允诺交给他/她本人保管。

将自己的作为交给别人评价。

将与己无关的万事交给上帝。

将对未来的忧虑交给未来。

将旅途劳顿交给洗浴。

将疲惫的身心交给随心所欲的休闲。

将失去所爱的痛苦交给自然而然的淡化与遗忘。

将明天的收获交给今天的耕耘和风雨旱涝。

将自己赤条条剥光了交给自然。

…………

朋友，相信上述减压格言多少会触动你的心灵。

在生活中，每个人都会有大大小小的包袱，那就是多余的疲累和烦恼。

作为领导，本该将方方面面的事交给部下去做。

事必躬亲，不仅发挥不了众人作用，还累着了自己。

无法预测的未来，本不必为其过分焦虑，你的思维却反复萦绕其间。

今天没解决的事情，本该交给明天，你的大脑还在无休止地无效加班。

恋人能否坚守自己的诺言，本是自觉自愿的事情，感情从来无法勉强，你却一天到晚想方设法监视对方。

这些都会平添无尽的焦虑。

虽然每个人的处境不同，很多多余的焦虑却是相同的。我们常常会不自觉地把不该抓住的事抓住，把不该扛着的事扛着，把不该压在心头的事压在心头。

古代圣人老子讲过："执者失之。"

什么东西越是死死地抓住，越可能失去。

当你把很多次要的东西都抓在手里时，最主要的东西反而抓不住。

当你想把一切事物都抓在手里时，却可能什么都没有抓住。

一定要做拿得起、放得下的聪明人。

绝不做拿不起也放不下的大傻瓜。

现在，请将上述减压格言重读一遍，将对自己最有针对性的几条写下来，录在电脑中，并且按照格言去做，你就真能轻装前进了。

工作禅第七式"轻装上阵"的操作要领是：逐条对照，该放下就放下。

第八式　釜底抽薪·明日活动卡

从上至下"减床去屋"，消减多余的焦虑，几乎对人人有效。

然而，事情有时又不这么简单。

难点发生在一些强者身上。

一般来说，"强者"都有超人的精力，坚强的个性，说他们是工作狂并不过分。他们在拼命干的过程中已经很疲劳、很焦虑了，却很少愿意承认自己有额外支出，全部的劳累似乎都源于工作本身。他们绝非贾宝玉、林黛玉那种自寻烦恼之人，他们更像刘备、曹操。

然而，刘备、曹操到了不堪重负时也需要减压。

这时，暂且不必讲"减床去屋"从上到下消减多余焦虑，而需要与他们谈当下的工作，直截了当从压力和劳累产生的基础开始。

这样，我们就推出工作禅第八式：釜底抽薪·明日活动卡。

工作禅第二式"末位淘汰法"，是对"釜底抽薪·明日活动卡"的简单应用。

"釜底抽薪·明日活动卡"则是"末位淘汰法"的扩展与延伸。

在"末位淘汰法"中讲到一位年轻的副教授,当纯粹的疲劳不堪忍受时,他按照我的建议将手边的十几项工作按重轻急缓的顺序排下来,先减去最末一位,有了一些效果;再减去次末一位,局面大为改观。用他的话说,整个身心状态都抖擞起来。

现在讲一个更复杂的例子。

譬如,你是网站总编,既不在外面兼职当顾问,又不"走穴"做培训,只做业内的工作,表面看来似乎做不了末位淘汰。

然而,这里要做的是更复杂的末位淘汰。

看来只做总编这一件事,细化起来就会出现很多方面。

譬如,要考虑整个版面包括几十个频道的编辑。

要关注当前最重大的热点新闻。

要考虑与其他网站的竞争与比较。

在应对当前动态的同时必须考虑未来的发展战略。

而且要亲自主持应对突发事件。

他可能还是副总裁,要考虑与总裁的关系如何处理。

还要协调与其他副总裁的关系。

对几位副总编构成的编委会有领导与协调的任务。

对属下的多位总监负有领导和指导的责任。

对几十个频道的主编又有检查指导的任务,同时对相关人事安排有不断调整的必要。

还要考虑管理的大政方针及具体细则。

要考虑员工的培训与提高。

每周每月都有一大堆需要出场的新闻社交活动。

网站每周每月又有许多会议要参加或主持。

如此等等。

以上哪一项能删去呢？

能完全不出席那些新闻与社交活动吗？不能。

能完全不参与、不主持网站内部的各种会议吗？不能。

反过来，能出席所有发出邀请的新闻社交活动吗？还是不能。

能主持和参与网站的所有会议吗？肯定忙不过来。

对于这位每日千头万绪忙碌的网站总编来讲，想要减压，简单的"末位淘汰法"已然不适用。他面对的方方面面，哪一方面都有做不完的事情。

这时，你若感到疲惫不堪，感到力不从心，感到不能更好地提高工作效率，特别是缺乏足够的思维空间考虑自己的人生及网站的发展战略，建议你应用工作禅第八式"釜底抽薪·明日活动卡"。

就是每晚休息前写一张卡片。

把明天有必要或有可能做的事一一写在上面，然后：

第一，标明那些你别无选择必须参加的项目。

这些项目非你所定，有明确时间、地点。譬如，明天上午九点总裁召集会议，你不可能不参加。又譬如，明天是网站开通三周年庆典，下午两点召开新闻发布会，你必须出场。这些项目不但要标明，时间也要画出来。

第二，将与必须出场的项目时间相冲突的项目删掉。

譬如，明天上午九点要参加总裁召开的会议，那么，九点钟的其他活动就只能删去。这样，通过第一步确定了一些，第二步删掉了一些，剩下的项目明显少了。

第三，其余项目应该说都不是你这位主编身不由己的了，也就是说，在你可调整的范围之内。

需要把剩下的项目按重轻急缓的顺序一一排列下来。

第一位，一定是最重要最急迫的事情。

第二位，自然是次重要次急迫的事情。

要采取首位确定制，即从一至二至三逐项选择，并且将时间一二三四安排下来，直至明日所有的上班时间都排满。

第四，还会剩下若干项目。

这些项目中若有一两项依然比较急迫，需要及时解决，那么，只能把它们排入下班之后，加班加点。

再把其余的项目顺延到后天的日记卡中，与后天的新项目汇集在一起，成为你后天安排工作时要面对的项目安排。

朋友，你可能就像这位网站总编一样，是公司或者部门的高层领导，或者你就是大公司的总裁，这种"日记卡"说来简单，却真正高效，它能使你从千头万绪的事务中超脱出来，自觉清醒地知道第二天需要干什么，不必要干什么。

除去你别无选择必须去干的事，除去你已经按重轻急缓顺序优先选定要干的事，其余的项目都属于"明日活动卡"中要删除的。

自觉的删除能厘清思路，减轻压力。

特别是减除了那种万事缠身应付不过来的多余焦虑。

当一个人觉得有很多事要干又穷于应付时，那份心不甘情不愿的内心冲突是很折磨人的额外支出。"釜底抽薪·明日活动卡"帮助你将多余的工作项目暂时舍掉，你就能轻装上阵了。

何乐而不为？

· 初查忙累账
· 学会断舍离
· 职场不焦虑
· 禅定工作法

扫码查看

第九式　多管齐下综合减压法

　　"减床去屋·从最多余焦虑开刀"是从上至下消减额外支出，达到减压。

　　"釜底抽薪·明日活动卡"是从下入手，直接减压。

　　然而，生活中我们有时可能陷入更复杂的困境。

　　这时，我们就推出了工作禅第九式：多管齐下综合减压法。

　　一位年轻朋友大学毕业后在京工作，奋斗了几年，事业虽有所发展，但是状态很不好，用他的话说，有段时间觉得自己连哭都不会了，更诗意地说，他甚至觉得自己连感动的能力都丧失了。

　　他说，第一方面是感觉工作压力特别大，不堪重负。

　　第二方面是身体，总是腰背疼痛，肠胃也不舒服。一会儿怀疑颈椎出了问题，一会儿怀疑胃里长了肿瘤。精神负担很重，夜里经常失眠。

　　第三方面是待人接物，他说自己本性宽厚，现在却常常对人很苛刻，对部下看不惯，动不动就发脾气，嫌他们工作不够努力，往往发了脾气会内疚，但又克制不了。

第四方面是情绪，虽然挣钱比过去多了，却丧失了很多快乐。他很怀念大学刚毕业的日子，那时挣钱少，工作压力没那么大，一天到晚很快活。一年前有了漂亮女友，却拿不出多少时间和精力陪伴她。女友不理解他的辛苦，有许多不满和埋怨。

这位朋友说，现在他在别人眼里有房有车，算事业有成了，却感到离幸福越来越远，甚至怀疑自己活得没有意义。

那么，这些问题该怎么解决？

有人说：应该提高工作效率。

他苦笑道：谈何容易，现在天天就在动脑筋提高效率了。

有人说：要注意身体。

他说：这个道理谁不知道，可在实际生活中哪能顾得上休息和锻炼。

又有人说：要快乐工作。

他说：自己何尝不想快乐，可面对一大堆烦恼怎么快乐得起来。

最后有人建议：应该减减压。

他说：也不是没想过减压，可现在全力以赴工作，还没达到上级和自己满意，莫非还能少干点？

总之，概念上说减压容易，实际上减起来并不容易。

解决这位朋友的问题，我采用了"多管齐下综合减压法"，将前面讲过的诸种方面不分先后交叉使用，感觉从哪儿容易突破，就从哪儿突破。什么方法能击中他，就用什么方法。

第一步，先拿掉他"最后的焦虑"。

这位年轻人已经觉察到自己的焦虑，千方百计想改变这种状态，因为改变不成，又增加了新的焦虑，也即工作禅第六式讲的"焦虑的焦虑"。

我说：调整你的状态，乱着急没有用。首先你要明白，顶着这么大工作压力能做成这样已经相当不易了，有些不良反应很正常，很多人远做不到你这样呢。所以，先不要着急，只要一步一步找到正确方法，肯定没问题。

通过这三言两语的轻松交谈，他先把"焦虑的焦虑"消除了，心态也比较放松了。

第二步，解决他的疑病。

年轻人怀疑自己长了癌，言及于此，忧心忡忡。问他去医院查过吗？他说去过，什么也没查出来。

我便告诉他：在很多情况下，疑病源于工作压力。

压力大了，有人会酗酒，有人会吵闹骂人表现出攻击性，有人会暴饮暴食，有人会得厌食症，当然还会有人疑病。疑病是一种典型的精神防御机制，人在压力下可能会出现这样那样的身体不适，而疑病情绪会将此夸张，使人怀疑自己真的生病了。

疑病潜含的语言是：一旦生病了，就可以躺倒不干了。

这是一种试图解脱自己的心理活动程序。①

年轻人想了想说：确实想过，一旦真的生病了，躺在床上肯定很舒服。

我说：这正好证明了疑病的心理原因。

明白自己恐癌不过是一种疑病反应，是焦虑的躯体化，年轻人当时就释然了。

第三步，我趁机用多种方法一锅端了。

我告诉他，他的一大堆问题，包括身体的不适，对人苛刻、脾气暴躁，远离幸福感，觉得生活没有意义，都源于工作压力。

他问：压力对人真有这么大的杀伤力吗？

我说：压力对人就有这么大的杀伤力。

压力大到一定程度，会造成严重的身心扭曲。

压力是屠杀现代人的第一杀手。

年轻人思索着，自己的这么多问题都源于工作压力，接受这个结论似乎还要动一番脑筋。古人说得好，"不识庐山真面目，只缘身在此山中"。

我分析了他如何在工作压力这个基础上叠床架屋，叠加上很多多

———————————

① 疑病常常是最多余的焦虑之一。

　　如果因为紧张工作而身体有所不适，首先应该想到，它很可能是压力所致。减压后身体恢复正常，便是对此的有力证明。如果不适较为严重，不妨干脆去医院检查，有病治病，无病除疑。

　　千万不要被忧心忡忡的疑病情绪所困惑。

余的焦虑。

首先，因为工作压力大而焦虑。焦虑过多又影响了工作。结果工作压力和焦虑恶性循环，压力成倍增长，焦虑也成倍增长。这是第一摞床上叠床。

其次，因为工作压力大使身体出现不适，身体不适就可能疑病，疑病又会加重身体的不适。这样，身体不适和疑病焦虑恶性循环，身体会越来越不舒服，疑病焦虑也越来越重。这是第二摞床上叠床。

接下来，脾气变得不好，而脾气暴躁也源于工作压力，发过脾气后的不安和歉疚又产生焦虑。越暴躁就越焦虑，越焦虑就越暴躁。这是第三摞床上叠床。

最后，因为工作太累对生活失去兴趣，感觉生活没有意义。这种感觉会带来焦虑，焦虑又使人的状态更加不好。这种恶性循环使焦虑相互叠加。这是第四摞床上叠床。

年轻人显然听明白了，心中颇有些震动。

我接着讲了这几摞焦虑之床相互之间还会叠加。

譬如，工作的压力与焦虑，会使身体的不适与焦虑加重。反过来，身体的不适与焦虑又会影响到工作状态，使工作的压力与焦虑增加。

最后，你满眼都是压力和焦虑，已经分不清因果了。

年轻人豁然开朗：闹了半天，我这么严重的焦虑、疑病，包括觉得生活没有意义这些形而上的精神问题，都源于一个简单的工作压力。

这么一明白，他顿时觉得卸掉了一大堆包袱。

第四步，我告诉他，刚才给你一锅端掉的各种多余焦虑，都属于额外支出。

把这些额外支出一拿掉，你的压力会减轻很多。

年轻人高兴地说：过去想锻炼，觉得没时间，总处在工作和健康的矛盾冲突中。现在拿掉了这么多额外支出，不仅工作有了富余精力，想锻炼也有了时间。

第五步，我推荐了工作禅第二式"末位淘汰法"。

帮助他删掉了一两件可以省略掉的事情。

此后一两个月，年轻人发现自己变得开朗了。过去不快乐，现在很快乐。就是这位年轻人，几年来按照工作禅的方法对待生活和工作，迅速成长起来。

朋友们，要想活得成功、健康、自在，必须有方法。

瞎努劲是没用的，乱烦恼更是添累的，要的是智慧。

工作禅第九式"多管齐下综合减压法"的操作要领，已经在以上的故事中展示出来。

面对复杂的人生困境，我们要从上开始消减多余的焦虑，从下开始消减工作的直接压力，并在实际运用中因地制宜，多管齐下灵活变通。

第十式　建立情绪档案

工作禅第十式：建立情绪档案。

建立情绪档案，首先要"归宗摆谱"。

归什么宗？摆什么谱？

前面讲过，额外支出大多是情绪支出，焦虑只是情绪的一种，多余的焦虑也只是情绪支出的一部分。

"归宗"，就是要归到整个情绪上。

"摆谱"，就是要摆出情绪的全貌。

这样，调整自我就具体表现为调整我们的整个情绪。

人的情绪多种多样。除了欢喜、欣慰这些正面情绪，负面情绪种类也很多，诸如愤怒、恐惧、悲伤、沮丧、懊悔、内疚、不安、紧张、羞恼、郁闷、焦虑，等等。正面的情绪除非十分过度，如大喜伤心之类，一般对身心健康有益。

负面情绪常常会杀伤我们。

如果把负面情绪通称烦恼，那么，烦恼是造成我们辛苦的重要原因。

然而，人能够不烦恼吗？

我们在第五式"真相大白·发现多余焦虑"中提到的电视台女主持人，她读书时就因为对各种情绪伤害十分敏感，有了"林妹妹"的绰号。她在墙上挂出"不焦虑"三个字，是把对自己的约法三章简化了。为了减少不良情绪的伤害，她挂出新的条幅：不愤怒，不悲伤，不恐惧，不焦虑。她说，这是为了提高自己的"情商"。

我告诉她，情商讲的是如何认识和管理情绪，这样的约法三章其实很不情商。

她有些惊讶。

我往下讲的也不是只针对焦虑的话：如果遇到坏人调戏你，愤怒难道不是一种吓退对方的精神威力吗？如果因为粗心马虎将自己的新车撞坏了，一定的悲伤不有助于你加深对教训的记忆吗？如果深夜独自外出而毫无恐惧，你的安全会有保障吗？如果在工作中遇到难点却毫不焦虑，反而吊儿郎当满不在乎，你有可能调动起自己的全部才能解决问题吗？

她说：您的意思是，我不要不愤怒，要愤怒；不要不悲伤，要悲伤；不要不恐惧，要恐惧；不要不焦虑，要焦虑。

我的回答：该要的要，不该要的不要。

我们已经知道，焦虑有必要和不必要之分。焦虑在一定程度内是必要的，譬如兔子对洞外的狐狸有所焦虑，就能防危避险得以生存。

焦虑超过一定限度则是多余的不必要的，譬如兔子若对洞外的凶险过分恐惧，即使很安全也不敢外出觅食，会导致饿死。

朋友们可能会问：莫非所有的情绪都同焦虑一样吗？

我的回答是：一样。

这样，我们就谈到如下几种情绪：一是欢喜，二是悲伤，三是愤怒，四是恐惧，五是焦虑。这五种情绪是人类的基本情绪，对人的影响面最广泛。

"归宗"归到情绪，"摆谱"首先摆到这五种。

先说欢喜。欢喜是一种什么样的情绪呢？

很多人会觉得奇怪，欢喜就是欢喜，还用再问吗？

我们说，正因为我们从未深刻研究过自己的情绪，所以常常不善于管理它。

心理学对"欢喜"的定义是，对得到了有利于自己事物的心理反应。

更具体讲，这种反应主要分"识别"和"应对"两方面。

譬如，知道了一个对自己有利的消息，运动员拿了金牌，彩民中了大奖，都会欢喜。这种欢喜的情绪是已经识别了眼前的事情对你有利，无须逻辑推理，情绪已经帮助你做了判断。欢喜还是一种应对，得了金牌，你用欢喜的情绪鼓舞了自己，还报答了向你欢呼的观众。

这样，欢喜的必要性就很显然了。

然而，欢喜过度，看到球赛赢了，心脏病发作，或者狂饮大醉酒后开车肇事，无疑就过分了。

再说悲伤。

心理学的定义，悲伤是对失去了有意义的事物的心理反应，无论是失去亲人、失去财富、失去荣誉，还是失去健康、失去爱情。

失去亲人、失去财富、失去荣誉，无须逻辑推理，悲伤的情绪油然而生，它使你识别了自己的损失。悲伤越大，表明失去的越多越重要。悲伤又是一种应对，失去亲人了，悲伤获得同情和安慰。悲痛还可以团结一群人、一支军队，所谓化悲痛为力量，哀军必胜。

悲伤的合理性、必要性就很清楚了。

所以，先不要笼统地说：不要悲伤。

要的是不过多的悲伤。过多的悲伤会使我们沉溺其中，久久不能振作；过多的悲伤会使我们茶饭无心，度日如年，生命枯萎；过多的悲伤会使我们失去柳暗花明又一村的机会。

再谈愤怒。

同样可以理解，愤怒在一定限度内是必要的，过分则会伤害我们。①

---

① 愤怒是人的需要受阻时的情绪反应，或者说是对任何外界力量阻碍自己得到想要得到的东西时的心理反应。

想健康平安地生活，这是你的需要。歹徒拿刀子阻碍这种需要，你不假思索就会愤怒，表明你的情绪识别了对方是你平安健康生活的阻碍。同时，这种愤怒又是自然而然的应对，愤怒能调动你战胜对方的气势与力量，给对方以有力威慑。

人没有愤怒不行。

然而，过分的不必要的愤怒也经常在伤害自己。开车与他人的车辆发生剐蹭，生点气也就罢了，愤怒过度导致吵架争斗，或者气呼呼堵了自己好几天，无疑是徒劳无益的自我伤害。愤怒过分，使企业家、政治家犯下终生懊悔的错误，更不罕见。

再谈恐惧，人不能完全没有恐惧而傻大胆，然而，恐惧过度无疑是自我残害。①

最后关于焦虑，其必要性与不必要性，前面已经讲过很多，不再重复了。②

"摆谱"摆完这五种基本情绪，我们便知道，无论是欢喜，还是悲伤、愤怒、恐惧、焦虑，都内存一条界限，这条界限划出了必要与多余的区分。

要了解这条界限。

---

① 恐惧这种人类的基本情绪其实是对有利的事物可能失去的担心，或者是对某种不利的事物可能来临的担心。

人一恐惧，就表明他意识到有利的事情将有可能失去，不利的事情将有可能来临，譬如前方有危险，公司即将破产，阴云密布狂风骤起即将出现海啸。这时，恐惧的情绪完成了对事物的识别。同时它也是一种应对，恐惧了就要躲避，一条眼镜蛇猛然从草丛中蹿出来，你没动脑子就吓得一躲，这就是恐惧本能安排的应对。

这样一讲，恐惧的必要性自然很清楚。

然而，生活中不必要的恐惧例子很多，将社会上所有不好的事都和自己联系在一起，比如发生一起空难后就不敢坐飞机。

② 焦虑与恐惧有相通之处，也是对有可能"失利"的担心。不同的是，恐惧往往面对明确的威胁，比如歹徒的刀子就在眼前；而焦虑面对的威胁相对不确定，就像晚上走在街上总担心遇到拦路抢劫。

焦虑常常还是一种边缘模糊的普遍担心、不安与烦躁。譬如，外出有不安全感会焦虑，不一定只是担心歹徒持刀抢劫，可能还有其他担心：车祸，意外伤害，楼顶掉下玻璃窗伤着自己，被小偷跟上，说不出的莫名不安。

还要了解这条界限划在何处。①

"建立情绪档案"就是把我们曾经对焦虑的厘清扩展到五种基本情绪。

由于欢喜的负面作用少，这里主要厘清的是悲伤、愤怒、恐惧、焦虑四种情绪。

我们在笔记本或电脑上建立自己的"基本情绪档案"时，可以有悲伤专页、愤怒专页、恐惧专页、焦虑专页。

譬如愤怒专页，当你由于某种遭遇特别愤怒时，请在左边列出自己对这件事的必要愤怒，画上钩；右边列出自己的某些过激反应，打上叉。

其余专页以此类推。

建立了情绪档案，我们对自己的情绪就洞若观火，一览无余了。

往下，我们的减压自我调整将进入新的境界。

第十式"建立情绪档案"的操作要领是四个字：扪心自问。

---

① 认清各种情绪都在一定程度内是必要的，超出这个程度是多余的，这是必要的心理学概念。

焦虑以及恐惧、悲伤、愤怒，是精神的痛感。它和身体的痛感具有同等意义。如果身体毫无痛感，被火烧焦了都无觉察，刀切断了手指还无知觉，那样的人是无法存活的。同样，如果精神上没有焦虑、恐惧之类的痛感，我们也无法生存。

然而，身体过分敏感，轻轻触碰一下就疼痛昏厥，那样的人也活得很难。同样，精神太过敏感，焦虑、恐惧等情绪过度，人也能累死。

第十一式　顺应情绪自然规律

通过"建立情绪档案"，我们已经俯瞰了情绪的全貌。

多余的烦恼不仅包括焦虑，还有悲伤、恐惧、愤怒、沮丧、不安、紧张，等等。

减少额外支出，就是消减多余的烦恼。

如何消减多余的烦恼呢？

是不是只需要一个决心，硬往下拿就可以了？

这样，我们就当机地推出工作禅第十一式：顺应情绪自然规律。

这一式对情绪的调整有如"仙人指路"。

在消除过多的烦恼时，人们也常会陷入迷途。

这时，要借助人类已有的智慧对自己指点迷津。

一个最大的迷津是，人总以为可以随意指挥自己的情绪。

我曾对很多人问过这个问题：我们能随意指挥自己吗？

一位女记者略作思索，以为很聪明地回答：不能，又能。

问她什么意思？

她说：有些事因为社会条件的限制，不能。到了自由自在的空间，就能。她接着解释，你想打滚狂欢，然而正参加记者招待会，你当然不能。可是，到了没人管的野地里，想怎样随意打滚没人会管。

我问：除了社会条件的限定，一个人就可以完全指挥自己了？

她说：当然。

我说：你能举一下手吗？

她举了一下手。

我说：你能想说什么就说什么吗？

她说：我现在就是想说什么就说什么。

我说：一加一等于几，你能指挥自己动脑筋吗？

她说：一加一等于二，我能指挥自己动脑筋。

我说：那么好，请你现在指挥自己的心脏停跳。

她说：这不可能，我不能指挥自己的五脏六腑。

我说：岂止五脏六腑指挥不了，你因为失恋正悲伤呢，能指挥自己立刻停止悲伤吗？

她想了想，摇头了：不能。

我又问：愤怒呢？

她说：愤怒还是想克制就能克制住的。

我说：错了。如果上司无理侮辱了你的人格，你会很愤怒，当着他的面你可能会克制。这时你克制的是什么？是你的动作，没扇他耳光；是你的表情，你装作淡然不怒形于色；是言语，你没有辱骂他。可是，你愤怒的情绪真克制住了吗？也许他一转身走了，你又摔东西又骂人，刚才的克制不但没有消除愤怒，反而使愤怒越发强化了。

这样，我们的结论就出现了：人不能随心所欲指挥自己的情绪。

对于这一点，绝大多数人没有明确的意识。

在想当然中以为情绪能够受意志的指挥。

结果深受其害，却不知缘由。

譬如一个人睡不着觉就很焦虑，想方设法让自己睡着；这种指挥不仅没用，还会适得其反，使自己越发睡不着，因为睡不着就越加焦虑。又譬如运动员赛前紧张，自己或教练会反复告诫千万不能紧张，但情绪就是不听指挥，紧张依旧。

又譬如这位女记者，三十来岁，一直在寻觅理想的婚姻，但屡屡不顺。该大胆进取时腼腆犹豫，该果断拒绝时又懦弱心软。不是错失良机，就是平添烦恼。由于没有找到问题的症结，总在事后责备自己在感情上低能。越是自我责备，焦虑与烦恼越甚。她今天才明白，在婚恋问题上自己一直是个和烦恼情绪做徒劳无益搏斗的小傻子。

她笑着说：您这真是仙人指路。道理一说很清楚，不说还真不知道。

我说，情绪就像任性的小孩儿，要想管好它，先要认清它的性子。

情绪还像洪水，一旦形成就有一种势能。当它汹涌冲过来时，越是阻挡就越会蓄积成为更大的能量。

想管好洪水，也需认清它的性子。

"顺应情绪自然规律"是要指明：第一，我们不能任意指挥自己的情绪；第二，要认清情绪的性子。

日本心理学家森田曾总结情绪的五大规律，虽质朴无华却很地道，概括如下：

一、任何一种情绪，只要不对它增添新的刺激和干预，经过一个过程会自然而然衰减。

譬如，再大的悲伤也会随着时间的推移而淡化。无论是失去亲人还是遭受其他重大损失，悲伤总会渐渐平息下去。

二、任何一种情绪，当造成它的刺激原因反复重复时，人有可能适应，情绪也会随之逐渐消退。

譬如，身处噪声环境，烦躁的感觉一开始会很强烈，久而久之对噪声习惯了，烦躁也会自然消减。

三、任何一种情绪，通过宣泄便可能衰减消退。

譬如，义愤填膺，发泄一番，便能够平息一些。

四、有些情绪譬如对爱的渴望，被满足时就衰减消退。

上述四条贯穿一个基本精神，就是要顺应情绪的自然规律：或听任其随时间流逝；或听任其因反复出现而麻木；或宣泄它；或满足它们；它们最终都会衰减消退。

五、如果对情绪强行干预，不断添加新的刺激，它反而可能越来越增强。

千万不要小看这最后的总结，懂得了这一点，能够减去人生三分之一的烦恼。

我们反复讲过，很多焦虑是为焦虑而焦虑。本来因为工作压力大已经很焦虑，又对自己这样焦虑十分不满时，就叠加了新的焦虑。本来因为失恋很痛苦，又天天指责自己这样痛苦是没出息，痛苦没能减轻，又为自己的软弱无能增加了新的苦恼。

从今天起，我们要把情绪当作不懂事的任性小孩儿，吃透它的性子，顺着它的性子安慰它；要把情绪当作奔泻而出的洪水，不生硬地围追堵截它，而是顺其自然，因势利导。

"顺应情绪自然规律"，就可以指引我们走出主观意愿的迷津。

这一"走出"极为重要。

当我们把与情绪徒劳无益的搏斗以及那些适得其反的错误招式去除后，情绪的迷雾就无法遮挡我们的视野了。

第十一式"顺应情绪自然规律"的操作要领是：认清意志与情绪是彼此两家。

我们可以指挥自己的行动、言语和思维，但我们不能任意指挥自己的情绪。

对情绪要讲究方法，这该是我们的座右铭。

"顺应情绪自然规律"还有一个别名：别以为你能命令自己。

第十二式　消减烦恼的四大法门

烦恼情绪不能随便命令，但能够引导。

这样，我们便推出重要的新招式：消减烦恼的四大法门。

不久前，一位来北京求发展的陕西年轻人发来 E-mail，说正身陷困境，常常想到自杀。

及至见了面，他说自己最近十分烦恼，已不堪忍受：

一、他在一家培训公司打工，公司里人际关系恶劣，自己总受窝囊气。

二、正值夏季，北京接连桑拿天，他须带着培训班每日在野地里搞增强毅力的"魔鬼训练"，除了长途跋涉，还要大声喊嚷之类，苦累难熬。

三、女友家在北京，其父母反对女儿和他这个外地青年恋爱，两人常为琐事争吵，关系濒临破裂。

朋友，你可能和这位年轻人一样，是刚刚起步奋斗的小人物，也可能你已经小有成就，人物有大小，烦恼都一样。在烦恼面前，如果没有正确的招数，每个人都是被折磨的对象。

我们现在用"消减烦恼的四大法门"帮助他解决当下的压力与烦恼情绪。

这个陕西青年叫小杨，首先要做的是把小杨的烦恼与精神压力一条条地摆出来。

消除烦恼的第一法门：听之任之法。

我问：你觉得这家培训公司人际关系恶劣，那么，目前有没有可能跳槽到别的公司？

小杨想了想：暂时没有更好的选择。

我又问：桑拿天你有没有可能不去野外带队培训？

他说也不大可能。

我再问：你想不想和女友分手？

他说不想。

我告诉他：烦恼的事情压在头上，当不能改变时，第一个方法是适应它，听之任之。

桑拿天你改变不了，便只能适应它。听之任之或许还能进入"心静自然凉"的状态。对恶劣的人际关系如果不能摆脱，同样不要怨天尤人，那样只会增加你的精神支出。

朋友会说，这算什么高招，谁不会？

我说，这是十六岁的人一听就能懂，但到了六十岁还可能没真正弄懂的道理。

对于一时难以改变的烦恼顺其自然听之任之，是最基本的策略。

如果不听之任之就会陷入更大的烦恼中。因为天热而烦恼，因为烦恼会感觉天气更热。这样叠加起来，烦恼与炎热交互作用，会感觉天气更热，自己更烦恼。因为人际关系恶劣而烦恼，因为烦恼而更加处理不好人际关系，进一步无法适应环境，于是乎处境更恶劣，自己更烦恼。

《金刚经》记述，一位长老问：如何降伏妄心？释迦牟尼回答：不降而降。也就是说，对于烦恼，越想降服它，它越狂妄。聪明的态度是不理睬它，顺其自然，这就是不降而降。

消减烦恼的第二法门：宣泄法。

这种方法人们虽不陌生，但是喜欢舍近求远的人常常忘了有效地运用它。

我告诉小杨：听之任之是对烦恼的基本态度。接下来，当烦恼情绪来势猛烈时，要用宣泄法化解。

第一，可以找朋友倾诉；第二，如果找朋友不方便，可以自我倾诉。下班回到家，一边冲凉一边大声骂一番鬼天气，再骂一番公司头头儿，还可以把气话写在纸上，然后狠狠撕碎。每天有烦恼，每天宣泄一下。

这个方法简单易行，又颇为有效。

朋友们可根据自己的情况找到合适的宣泄方式。

日本很多大公司都有特设的出气室，里面悬挂着沙袋，哪位员工对顶头上司充满怒火郁闷不已，都可以来这里把沙袋当作顶头上司狂揍一顿，宣泄一番平息自己。

消减烦恼的第三法门：改变认知法。

从心理学意义上讲，就是改变我们的认识与观点。[1]

我用这个方法解决小杨的烦恼。

我说：桑拿天是很难受，可是，不少人平常还要花钱做桑拿呢，现在大自然给我们提供了免费桑拿的机会，为什么不享受？你要这样想，在桑拿天坚持行走有利健康。不这么想就会烦死，这么一想反而有了乐趣。

小杨一听，觉得是这么回事。

我又说，恶劣的人际关系确实使人不快，可反过来一想，正是锻炼自己应对能力的好机会。你说自己这方面有弱点，何不趁此机会补上这一课呢？这对你的人生有重大意义。[2]

至于他和女友的关系，小杨家在农村，挣了钱需补贴家用，以后结了婚经济负担是明显的，女友在父母的撺掇下闹别扭很正常。我对小杨说：这个矛盾早晚要暴露的，早闹晚不闹。如果以后能成夫妻，及早消化这个矛盾，是必修课。如果两人因此吹了，现在闹别扭就使

---

① 心理学有一种"认知疗法"，通过改变认知来解决各种心理问题。

② 人际关系常常成为工作与生活中压力的重要部分，不善于解决这方面的问题，依然可能陷入困境。本书附录二"处理人际关系十大金法则"试图回答这个问题，可供读者参考。

你们长痛不如短痛。

三件烦恼的事情，"认知"一改变，小杨一下感到精神松快了。

改变认知并不是编一些假话蒙骗自己，而是发现一些过去没发现的新认知。

要善于运用改变认知法随时化解自己的烦恼。

这是人生的高技术。①

生活中总有一些人能够三言两语宽解别人，这些往往是具有凝聚力的受欢迎的人物。如果不仅善于用改变认知法解决自己的烦恼，还善于帮助他人调整情绪，你就是高人了。

消减烦恼的第四法门：行为法。

要消减自己的烦恼情绪，更有力的方法是行为。②

小杨有一天打电话说，刚和女友大吵一架，烦恼透了，用什么方法都不灵，现在两人正各自关着门生气。他也尝试了"改变认知

---

① 我在书中不止一次讲过一个故事：

一个老太太有两个女儿，一个卖伞，一个卖鞋。老太太活得很辛苦，晴天的时候，她为卖伞的女儿忧虑，怕伞不好卖；雨天的时候，她又为卖鞋的女儿发愁，怕没有人买鞋。她活得太累了，结果生了一身的病。有人指点老太太去请教禅师。禅师听了老太太的烦恼，教给她一个非常简单的方法，让老太太以后每到晴天就为卖鞋的女儿高兴，因为一定会有许多人买鞋；到了雨天就为卖伞的女儿高兴，因为下雨的时候一定有许多人需要雨伞。这样，无论是晴天还是雨天都高高兴兴的。老太太听了禅师的话，从此天天快乐，没过多久身上的病也好了。

这就是改变认知对人生的作用。

不同的认知决定了不同的人生。

成功人士之所以成功，往往因为他们在一些重大人生问题上有比一般人更正确的认知。

② 心理学有一种"行为疗法"，通过各种行为来解决心理问题。

法"，可是无论怎样想改变认知都没有用。

他问：遇到这种情况，用什么方法解决自己的烦恼？

我说：很简单，要用行为法。走出家门就完了。

小杨领会了，出门下了楼，遛了几圈，火气消了一半。遇见几位熟人，少不了佯装笑脸打招呼，假笑慢慢变成了真笑，火气很快过去了。

他说：行为法确实很管用，若是关在家里，火气真下不去呢！

就这样遛了半个小时，他换了一张脸，上楼哄女友去了。

朋友们，行为法就是这样一种行之有效的方法。只是人们常常不懂得如何运用，烦恼来了就想着如何使自己不烦，殊不知有时多想反而越想越烦。

关键要采取行为。

一时的烦恼，譬如小杨和女友吵架，要用一时的行为一次性解决。

长期的烦恼，要采取长期的行为。

我认识一位作家，每日关门写作，有点抑郁倾向。我建议他每天早晚到街边公园跳跳舞。他觉得档次太低丢不起人。我说，找个离家远点的公园，没人认识，随便跳跳为了开心嘛！他接受了我的建议，每天早晨出去跳跳舞，一段时间过去不那么抑郁了。

善于灵活变通运用"消减烦恼的四大法门"，一定会将自己的烦恼与焦虑消减到最低。

减少了这些额外支出，你会发现自己精力大增。

工作禅第十二式"消减烦恼的四大法门"的操作要领是：

一、遇到无法改变的现状，要善于听之任之，顺其自然。

二、善于建立个人或团体的宣泄体制，来疏导情绪。

三、善于随时改变认知，做一个想得开的人。

四、善于用行动对烦恼情绪调虎离山。

· 初查忙累账
· 学会断舍离
· 职场不焦虑
· 禅定工作法

扫码查看

第十三式　清理愿望账

　　一位企业家近年事业扩张很快，在成功的同时也屡受挫折，于是很焦虑，症状严重时甚至连电梯都不敢坐。

　　一分析，自然因为工作压力大。于是，用"釜底抽薪·明日活动卡""轻装上阵"等招式帮他清理"忙累账"，实施减压。应该说每次都有一定成效，但过段时间又有反复。再一分析，焦虑源于"野心"太大，随着事业的摊子越铺越大，连妻子都说他有野心，"见风就长"。

　　我告诉他：解决你的焦虑还要从根本上想办法。

　　他很发愁，问：还有什么更根本的方法？

我说：要清理一下自己的愿望账。①

他有些意外：清理愿望账？

我说：没错。人的很多失败与烦恼都源于愿望有问题。

譬如谈恋爱，你的愿望是和某某谈，但对方根本不看好你，你枉投了很多心力和时间，结果肯定是失败和烦恼。知道这其中的原因吗？

老总回答：很简单，一厢情愿嘛！

我说：没错。再来谈工作，你想做成一个项目，同谈恋爱一样，你和对方是一种双边关系，如果只顾自己的想法，不顾及对方的利益，也是一厢情愿。

老总点头说：这个我理解，做任何事都不能一厢情愿，要考虑对方。

我说：天下最根本的双边关系是什么，你说说看。

———————————

①　愿望是人人具有的根本欲望的具体化。

在这个世界上，每个人都有着无限扩张的欲望，它们表现为对食色这样基本的生命追求，还有对安全感、归属感、自尊、自我价值实现等方面的无止境追求。

人本能地希望占有更多的生存资源与空间。然而，落实到现实中，每个人的欲望都受到现实的界定，而不可能无限扩张。这时，它就转变为各种具体的愿望。

愿望是欲望的具体化。

欲望变为具体的愿望，其一个中介就是人的认知。

人是根据对客观条件以及主观能力的认知，才将自己的根本欲望变为一个个具体愿望的。

愿望一旦形成，就是行为的出发点。

人有了愿望，首先便有期待。

人有了愿望，就会进一步形成各种目的与计划。

老总思索着没有回答。

我说：每个人面对的最根本的双边关系，是自己和现实的关系。

我们每做一件事情，都在与现实合作。如果只考虑自己的愿望，对现实状况考虑不周，就在犯一厢情愿的错误。有多少一厢情愿，就会有多少失败和烦恼。

老总问我结论是什么？

我说：结论一，当一个人失败后，不要总在方法上找原因，还应回过头去审查一下自己的愿望；结论二，有了烦恼，也要从愿望上寻找根源，愿望错了，一错百错。

人们常常最容易忽略对愿望的审查。

清理"忙累账"容易。

清理"愿望账"则是许多人从来不做的。

人们往往不习惯清理自己的愿望，被愿望所驱使，殊不知只有清理了自己的愿望，才能确立出发点，才能避免徒劳无益的盲动与欲速则不达的错误，从而事半功倍，才能成就自己。

把愿望当作既定的出发点，与谈恋爱选择了一个根本谈不成的对象一样，在行动之前就酿下了失败的苦果。

想在人生中获取最大成功又最少烦恼，首先不是当方法大师，而要当愿望大师。①

聪明人要使自己的愿望"英明"。

老总听明白了：人们在埋怨"事与愿违"时，从没想过是否"愿与事违"。

这样，我们就推出了工作禅第十三式：清理愿望账。

清理愿望账可以帮助我们避免犯"愿与事违"的错误。②

要"愿与事合"，使愿望与现实达成成功的双边合作。

老总问：清理愿望，包括理想在内吗？

我说：每个人都想活得更好、更成功，这种根本欲望以及相连的理想，不在清理范围之内。

———————

　　①　研究人类社会，我们会发现，一切优秀的政治家、军事家、企业家、战略家、科学家、艺术家等成功人士，都善于审视和把握自己的愿望与目的。

　　能够使自己的愿望与目的最大限度地符合现实，是天才的表现。

　　愿望与目的是行动的出发点，如何形成不高不低恰如其分的愿望与目的，是融会各种客观、主观资源，调动自身最大能力去行动的重要保证。

　　正确的愿望与目的，可以给我们带来力所能及的最佳成果。

　　无论对于一个人，还是对于一个团体，甚至一个国家，合适的愿望与目的可以说是进步与发展的首要条件之一。

　　愿望与目的保守了，无疑会遏制我们的创造发挥。

　　愿望高了、冒进了，又可能造成各种损失，甚至毁灭。

　　两种错误中后一种往往更常见。

　　在人类历史上，无论是政治、军事还是经济、文化等方面，数不清的失败都源于愿望与计划超越了现实可能。政治家、军事家、战略家最容易犯的错误，就是过高估计自己的力量。中国 20 世纪 50 年代的所谓"大跃进"就是典型例子。

　　一些知名品牌的大公司常常毁于盲目扩大发展，也是同样性质。

　　②　要善于审视自己的愿望与目的，使它尽可能符合现实。

　　这种说法或许不那么动人。然而，如果不这样做，就等于将自己继续囚禁在愿望与现实冲突的牢笼中受罪，会有徒劳无益的烦恼，会耗费更多的精力。我们将把原本可以把握的机会丢掉，将原本可以实现的愿望丧失。结果，因为不明智而毁了自己。

要清理的是那些与行动有关联的具体愿望。

当一个愿望表现为我们想做什么，对其有什么期待时，就进入清理范围了。也就是说，我们要清理的是那些直接影响我们行动的愿望，诸如计划、打算之类。

老总点点头：空想哪怕是到太阳上涮火锅，并没有损失。具体想做什么项目，就关乎成本和可行性了。

我接着讲了清理愿望账的具体步骤：

一、把当前的愿望一一罗列出来。

有的愿望很明显，譬如已经打算做的事。有的愿望潜伏着，可能不久要实行，或者对某件事有所期待。无论何种，都要一一罗列出来。

二、将所有的愿望按其"现实可行性"排列。

这是从合理性方面审查愿望。

最具备现实可行性的排第一位，其次排第二位。无论多少项，按顺序排列下来，然后从末位开始审查，如果完全没有可行性，将其删掉。这样逐次末位淘汰，将不合理的项目一一删除。

剩下的是可行性高、容易做成的项目。

三、将这些项目按"重要性"排列。

最重要的排第一位，按顺序排列下来，然后审视最末位。如果没有太重要的意义，还可以删去。

这样，剩下的应该是最重要和比较重要的项目。

　　四、把两次"审计"剩下的项目按"可行性"与"重要性"双重标准做排列。

　　最重要、最可行的排第一位，按顺序排列下来。

　　若重要性与可行性有所矛盾，要兼顾考虑。

　　最后，再审查一下末位可否淘汰。

　　淘汰完了，眼前的愿望就是我们目前行动的出发点。

　　五、对已经删定排列好的愿望做适度调整。

　　虽然这些愿望既"可行"又"重要"，是要付诸实践的，但是，还可以对一项项愿望或往高或往低调整一下，以更适度。

　　总之，愿望及相关联的目的、打算、计划之类，以能发挥自己诸方面的最大优势为最佳。

　　"清理愿望账"给了这位老总很大帮助。

　　可以说，"清理愿望账"在哲学、心理学上有相当深刻的含义，在人生智慧方面也属高层次。希望它为努力开拓生活的朋友们带来更广阔的思路。当你成为自如掌握自己愿望的大师时，你的人生就会进入随心所欲的自由状态。

　　这一式的操作要领十分明确，就是从根本上变"一厢情愿"的思维为"清理愿望账"的思维。

第十四式　每日金八条

工作禅第十二式"消减烦恼的四大法门"告诉我们，"行为"会有力地调整情绪从而达到减压。

那么，"系统的行为"将更有力地调整我们的状态甚至改变性格。

一位从事公司管理的朋友告诉我，他最大的毛病是急躁，说话、走路、办事都透着一个"急"字，因为急躁这些年吃了不少亏。他看过很多书，也知道不少道理，却始终克服不掉这个毛病。他说：不是没方法，而是方法很多，不知如何下手。

我告诉他：想克服急躁很简单，将正确的方法嵌入每日作息中。

他问什么意思？

我说：你每天早晨要起床吧？你在每天睁开眼面对的墙壁上挂一个条幅，上面写三个字"慢半拍"，这样，从一天的开始就有了正确的自我提示。然后，你起床后要刷牙吧，你提醒自己按照现在牙科卫生的要求耐耐心心刷牙三分钟，这样，又磨了你的性子。然后，你要出门上班吧？从今天起，你要求自己用从容的步伐走路，不要急急忙忙地赶路。然后，你来到办公室，办公桌上要摆放一句自我提示的话，比如"从容大度""戒急戒躁"，你在它的提示下开始上班的第一个程序。

按照这样的方法，你将几个或十几个程序嵌入每日必经的作息中，克服急躁的事情就落实了。

一个月后，年轻人高兴地告诉我，他用"嵌入法"解决了苦恼自己多年的大问题。

这样，我们就顺理成章推出了工作禅第十四式：每日金八条。

如果我们想重新塑造自己，每天都进入好的状态，最简单有效的方法之一就是在日复一日的生活中"嵌入"一些正确的行为程序。

把这些有警示作用的程序嵌入每日作息中，会按时指引我们，使得调整自我的善良愿望得到"制度"的保证。

为此，我们设计了"每日金八条"，将它们嵌入每天的作息中：

第一，微笑出门。

微笑的好处人们都知道一些，其实微笑的意义远比人们通常了解得更多：微笑能使你身心放松，微笑能使你和周边人际关系融洽，微笑便于在社交中沟通，如此等等。

微笑是人类特有的智慧表情。

当我们讲在生活中应该贯穿微笑法则时，你一定不会反对。然而，人并不是一下子就学会时时处处微笑处事的。

那么，首先做到微笑出门，早晨出门前对着镜中的自己微笑一下。出门了，碰见头一位、头两位男女老少微笑对待，算超额完成任务。如果来到单位，对同事都没忘了微笑，就更超额完成任务了。

能够微笑出门，就有了好的开始。

第二，每天欣赏一下自己。

人是需要被欣赏的，在缺乏欣赏的环境中很难成长起优秀的人才。

我们不可能强求环境对自己的欣赏，却可以增加一点自我欣赏。

绝不要泛泛空谈，那很难落实。

就是很简单地养成一个习惯，每做完一件事情都自我欣赏一下：哦，干得真不错，很能干，很有才。无论是电脑上完成一个程序，谈成一笔业务，组织好一次会议，写下一个策划文本，都可以称赞一下自己。

这个习惯有几天就养成了。

第三，欣赏夸奖一下别人。

对左邻右舍的小孩儿，可以夸一句真聪明。和同事商量工作时可以说，你这个做法很高明。面对客户谈判时可以说，你的精神面貌很感染人。遇到同事或朋友有精彩表现时，尽可能不遗漏地欣赏一下。

这是一个价值连城的好习惯。

欣赏别人不仅有利于联络感情，处好人际关系，更重要的是调整自己的状态。

成功、健康、宽容的人才能欣赏他人。

反过来，欣赏他人又能使自己处在成功、健康、宽容的状态中。

第四，不忘记庆祝每一个胜利。

排球运动员在场上赢了球，会相互碰一下手以示庆祝。足球运动员进了一个球，进球者会高举双臂做胜利姿态。这都是庆祝胜利。

善于庆祝胜利是一种特别好的行为习惯。

无论在家中，还是在公司，都要善于庆祝自己的胜利，庆祝大家的胜利。

不忘记庆祝胜利的人，常常是健康开朗容易获得机会的人。

第五，下班后"跳槽"，从工作跳到休息。

许多人下班后经常会在头脑里萦绕着工作，然而，除必不可少的加班加点与思索外，很多是毫无必要的牵挂。拿得起放不下，成为许多人丧失休息质量的重要原因。

要善于划清工作与休息的界限。

大脑有很大的惯性，如果不善于中断它的惯性，常常会有许多不必要的额外支出。

工作结束了，大脑要干脆利索地跳槽到休息，要养成习惯。

第六，删除烦恼。

如果白天有很多烦恼，到了晚上不妨清洗一下大脑。

先想一想你在烦恼哪些事，把烦恼一条一条写在纸上。譬如某件事处理不当，有点沮丧。又譬如和同事发生龃龉，上级对你的工作有些不满。还可能是一些很琐碎的小事，汽车被剐蹭了，肠胃不舒服了，如此等等。

所有的事情都是事情，但所有的烦恼都有点多余。

写完了，要狠狠地在每一项烦恼上画个"×"，再将纸撕得粉碎，往纸篓里一扔：去你的！

这就会使烦恼去掉一多半。

从心理学上讲，这也是一种脱敏法。

第七，改变自己的习惯用语。

观察社会生活，我们发现，人生成功的人与人生失败的人往往有截然不同的习惯用语。那些事有所成的人习惯用语往往是：真不错！没问题！我来想办法！一定能成！而那些失败者则常常相反，他们习惯说：太糟糕了！烦透了！气死人！真倒霉！

千万不要忽略这个对立、对应。

习惯用语是性格的自然流露，是状态的瞬间闪现。

好的习惯用语常常给自己良性暗示，又给对方不知不觉的鼓舞。

希望朋友们审视自己的习惯用语。

如果你每天在说太糟糕，气死人，烦透了，那么不妨做点改变。

改变起来很容易，改变以后立竿见影，何乐而不为？

第八，合理地吃，合理地睡，合理地工作与休息。

这个道理简单到所有人都知道，但怎样才算合理地吃、合理地睡、合理地工作与休息，却是很多人在生活中根本不思考的。建议朋友们根据自身情况因地制宜地做点调整。

对于大多数人来讲，少吃多锻炼是个金法则。

以下八个行为法很简单，朋友们明天就可以开始做：

一、出门微笑。

二、每天欣赏一下自己。

三、也欣赏一下别人。

四、遇到胜利和好事情庆祝一下。

五、下班后中断工作逻辑，跳槽到休息。

六、有什么烦恼晚上写张清单，一撕了之。

七、改变习惯用语。

八、少吃多锻炼，合理地工作与休息。

工作禅第十四式"每日金八条"的操作要领，就是将正确的方法嵌入每日作息中。

· 初查忙累账
· 学会断舍离
· 职场不焦虑
· 禅定工作法

扫码查看

第十五式　基本放松法

工作禅十几式一一操作下来，我们已经减轻了压力，提高了效率，获得了很多快乐。

往下，还有什么新招式能使我们如虎添翼，更加轻松自在？

在一次笔会上，一位在上海工作的资深编辑说，因为长期的工作压力，身体很不好，患有胃溃疡。又因为焦虑、心烦、头痛，一时也听不进去太深奥的道理，只想要一种简单的拿来就能操作的技术解决问题。

他问：有没有这种技术？

我说：有。不过作为说明，道理还要多少讲一点。

这就是现在推出的工作禅第十五式：基本放松法。

因为那位编辑朋友并未操练过工作禅的其他招式，平地学起，算雪中送炭。对于已经将工作禅十多式一式式操练过来的朋友，这一式算锦上添花吧！

先了解一下"基本放松法"的道理。

我们知道，人的心理和生理是全息对应的，心理紧张时，生理也必然紧张。譬如，当人在压力下过分焦虑时，全身或者某些局部的肌肉会相应紧张，并可能导致多种疾病。

医学专家告诉我们，百分之七十以上的疾病属心身疾病。

即大多数疾病是社会心理原因造成的。

然而，身体也会影响心理。

放松身体，能使我们的心态放松下来。

看过心理医生的人都知道，对于那些患有焦虑症、抑郁症、神经衰弱等疾病的人，医生常会教授一两种放松身体的方法。有体育训练常识的朋友也知道，教练和按摩师通常掌握多种放松身体的技术，以此帮助运动员在训练中缓解疲劳，在赛前消除紧张。一些明星登台演出前常会紧张过度，这时心理医生会教授他们一些放松方法，这些方法大多是从放松肌肉入手的。

当一个人精神高度紧张时，只做思想工作劝他别紧张往往收效甚微。

从放松肌肉入手，却很容易使身心放松下来。

对于每日处在高压下紧张焦虑的人来讲，掌握几种行之有效的放松技术，常常会产生意想不到的好结果。

首先，介绍一种最便于掌握又十分有效的方法，也可以称为"全身放松法"。

一般在站立中做，共八节。

预备式：安静站立，两脚分开与肩等宽。

面带微笑，慢慢将心态平静下来。

第一节，做正面半身的放松。

想象天上有雨从头顶飘落下来，将正面半身逐步润透。

接着想象，随着天雨飘落的过程，从前额开始往下放松，放松面部，放松胸部，放松腹部，包括五脏六腑一同放松。连同双肩、两臂的前半部，到大腿、到膝盖、到小腿的前半部，一直到脚面，从上到下，顺序使自己的肌肉放松下来。

"体会"身体的正面从上到下都松透了。

第二节，做身体背面的放松。

想象天上的雨还是从上到下沐浴下来，我们的后脑勺、后颈部、肩背部、腰部、臀部，一直往下，经过小腿肚，一直到脚跟足底，将人体后半部的肌肉顺序放松。

这样和前半部的放松合在一起，达成了人的整体放松。

第三节，做身体左半部的放松。

想象随着天雨的飘落，从头的左半边一直往下放松，左肩、胸背的左半部，一直往下，包括左臂、左臀、左腿，一直到左脚足底，将左半身的肌肉按顺序放松。

"体会"肌肉下垂的感觉。

第四节，依照同样方法做身体右半部的放松。

从头的右半边到右臂、右臀、右腿，一直放松，落到右脚足底。

左右半身的放松又合成了人的整体放松。

第五节，不分前后左右做整体的放松。

想象天雨沐浴下来，润透全身，从头部到颈部、到肩部、到胸部、到腹部、到臀部、到双腿，一直到双脚，全身按顺序放松下来。

特别要放松自己不舒服的部位，缓解消除那里肌肉的紧张。

胃痛，放松胃，体会胃的松弛柔软。

腰背疼，放松腰背，体会腰背肌肉松软的感觉。

"想象"我们的身体是一个蓄水塔，水面逐渐下落，最后全部落空。

然后，做第六、第七、第八节。这三节均重复第五节的操作。

八节做完了，安安静静站一会儿，搓搓手，再用手搓搓脸、梳梳头。

这种站立式的全身放松法，做一遍短了一两分钟，长了也就三四分钟，建议朋友们早晨做一做，晚上做一做。白天忙累时有几分钟闲暇，也可以做一做。

会越做越纯熟，越做身体越松得快，松得彻底。

一般做几天后，就能体会到放松全身肌肉的舒适与快乐。

坚持几个月，某些慢性疾病或不适可能在不知不觉中消失。

再往下，在行走时完成全身放松法。

　　一边散步溜达，一边就将全身肌肉从上到下一次次放松了。

　　当别人早晚等车反复看表焦虑熬时间时，你却站在那里练开了全身。当别人急急忙忙赶路时，你却能一边走路一边通体放松了自己。全身放松法帮助你节约了时间，养蓄了精力。不懂其中奥妙的人会感到奇怪：你工作时怎么有如此充沛的精力？

　　再往下，坐着也能做全身放松法。

　　无论是开会，还是在电脑前工作，感觉疲倦了，用个一两分钟，就能将身体放松一下。持之以恒，越做越纯熟，放松的感觉招之即来。

　　它使你在瞬间得到休息和调整。

　　再往下，躺在床上也可以做全身放松法。

　　睡前做一遍全身放松，可以改善睡眠，更好地恢复精力。

　　醒后做一遍全身放松，可以使人轻松愉快地开始新的一天。

　　这套全身放松法是深入浅出的。

　　关键是"体会"肌肉放松的感觉。

　　一边体会，一边默念"松"字，可以帮助自己更好地放松。

　　通过全身放松法，那位编辑朋友逐渐摆脱了身心的紧张，几个月后连胃溃疡也不治而愈了。

这套放松技术还帮助一些朋友摆脱了失眠、神经衰弱的困扰。

此前，工作禅的招式是从调整心理入手，算"心法"。

这一式及以下几个招式则从调整身体入手，可谓"身法"。

当心、身两法都掌握后，我们的好状态就如虎添翼了。

"基本放松法"又叫"全身放松法"，它的操作要领是：充分"体会"肌肉放松的感觉。

初查忙累账
学会断舍离
职场不焦虑
禅定工作法

扫码查看

第十六式　舒展眉心放松法

一位女律师掌握了"基本放松法"后，很受益。

她问：还有什么放松技术能够有效地消减烦恼？

我没有直接回答这个问题，反问道：你知道放松全身肌肉最微妙的部位在哪里吗？

或者换一个角度，全身哪一部分肌肉对心理影响最大？

女律师一时不知如何回答。

我讲了一个民间传说。一位书生寒窗苦读十几年，却总是才智不开，十分苦恼。一天，他碰见一位鹤发童颜的老者，说他是心有灵犀还未通。书生愁眉苦脸地问：如何才能通？老神仙一指他的眉心：你这儿紧锁着呢，打开即得。书生半信半疑将紧锁的眉心舒展，老神仙伸手在他眉心一点，书生立时觉得一股凉爽之风吹透了自己。从此以后这位书生就神采飞扬、文章满天下了。

这或许就是"心有灵犀一点通"的由来。

女律师听完这个故事，说：照你的说法，全身肌肉中眉心对心理影响最大了？

我说：对。眉心与情绪乃至整个心理活动相关且最敏感。

开心时，眉心舒展。烦恼时，眉心紧锁。无论是紧张、焦虑、恐惧、不安、悲伤、忧郁、嫉妒，所有的负面情绪都会造成眉心不展。翻开文学作品，有多少烦恼、苦痛都和"眉心紧锁"这样的词汇相联系。

中国古代养生技术将眉心称为"慧中"，"展慧中"是静坐冥想的重要环节。

舒展眉心对于身心调整的作用一等灵敏。

这样，我们就顺理成章地推出工作禅第十六式：舒展眉心放松法。

第一，基本操作。

先将眉心紧锁，然后将其放松，体会一下眉心放松的感觉。

接着，让眉心尽可能舒展。

这时，你会感觉面部在开展，视野往宽阔了去。

接着默念这句自我暗示语：眉心松，展慧中，脸微笑，心从容。

反复默念这句口诀，眉心更舒展了，全身也更放松了。

希望朋友们经常用"眉心松，展慧中，脸微笑，心从容"进行自我暗示。

这种技术对于中断和消减烦恼、调整情绪有立竿见影的效果。

第二，更敏感地体会。

人难免有大大小小的烦恼与焦虑，稍一自省，就发现已经眉心紧锁了，心头的一切阴影都在眉心挂着，好像那里是一个心理气象的凝缩图。

这时候要想到"眉心松，展慧中，脸微笑，心从容"。

一瞬间就会有眉心放松舒展的感觉。

你会发现，自己的烦恼与焦虑程度立刻有所下降。

获得这种感觉特别重要。

每当你眉心不展时，一定是烦恼事挂在心上。只要定定神，就会在心头找到眉心紧锁的根源。

这种对应的体验是操练"舒展眉心放松法"水平提高的表现。

当一个人不知道自己在焦虑，更不知自己为何焦虑时，只能白白地忍受折磨。通过眉心，随时清醒自己的焦虑与原因，就很容易获得解脱了。

第三，对"眉心松，展慧中"出神入化的运用。

既然心头的累都凝结在眉心，根据身心全息对应的道理，就可以通过放松眉心来对心头的累进行格式化。

在放松眉心时，默念这句自我暗示语：眉心松，一片空。

在默念中眉心舒展了，目光明亮了，心中也清爽了。

古人说，心澄目洁；反过来同样，目洁心澄。

为了提升消减烦恼的效果，在默念"眉心松，一片空"使眉心舒展之后，可以立刻结合全身放松法，将全身瞬间放松下来。

这对中断焦虑烦恼会有更明显的效果。

那位女律师每日运用"舒展眉心放松法"，效果不错，戏称是她的"护身法"。

小方法解决了大问题。

第十七式　耳聪目明法

我们讲了"基本放松法"，又讲了"舒展眉心放松法"，那么，还有什么放松方法更简单易行，当场见效？

这样，我们就推出工作禅第十七式：耳聪目明法。

朋友们不妨现在就尝试一下。

如果你正坐在电脑前两眼酸困、视力模糊，或者刚刚起床两眼干涩不适，或者你长时间开会头昏眼花，那么，只需安安静静用双手按摩耳垂，捏揉一会儿，再转动眼睛感觉一下，立刻会觉得眼睛比刚才明亮了，酸痛干涩的感觉大多消失。

朋友们会说：所以，这一式就叫"耳聪目明法"了？

不错。我们借用"耳聪目明"这个成语，赋予了它新的含义。按摩了耳朵，便保健了眼睛和全身。

在具体操作前，先讲一点中医理论。懂得了中医理论，才会相信它的作用。

　　根据中国传统医学理论，耳朵虽小，却全息缩影了人体的全部躯体部位与器官。它就像一个头朝下蜷缩的胎儿，耳垂相当于面部，眼、耳、鼻、舌等五官都对应在这里。臀、腿、膝、足分布在耳朵上部。耳朵有两个窝窝儿，靠下接近耳垂的窝窝儿对应着胸部，靠上的窝窝儿对应着腹部。

　　想了解得更详细精确，可以看中医的耳针穴位图。

　　图上一一标示着心、肝、脾、肺、肾、脊柱、四肢、男科、妇科等一些部位与器官，每个部位与器官都在耳朵上有非常确定的对应点。根据这种精确的对应关系，从耳朵有无痛点及红肿的情况，可以诊断身体哪个部位发生病变。

　　更奇妙的是，对这些痛点也称为敏感点进行针灸时，可以治疗所对应的身体部位与器官的疾病——这就是"耳针疗法"。

　　中国的耳针麻醉曾使全世界刮目相看。胸部、腹部需要手术，但某些患者对麻药过敏，中医便进行耳针麻醉，在患者耳朵的某些穴位扎几根小针，患者就可在不打麻药的情况下实施手术。耳针麻醉手术在中国做过多例，其报告在世界医学界引起过轰动。

　　只要想一想对耳朵的某些穴位针灸一下，能在胸部、腹部不打麻药进行手术，就知道耳朵的穴位真实不虚地对应着全身的所有部位与器官。

　　这样，一种既简易又有效的自我按摩放松法便产生了。

　　它就是"耳聪目明法"。

接下来讲具体操作。

每天早晨醒来后，先做"眉心松展慧中"，再做"全身放松法"，而后就可以做耳部按摩了。

早晨做最合适，既清醒了自己，又不耽误时间。躺在床上两臂无须高抬，比坐或站更舒服。

具体手法是：用双手的拇指、食指捏揉按摩耳朵的各个部位。

要领是：将耳朵各个部位捏到捏透，捏到暖热舒服为止。

一般情况下五分钟就解决问题。如果时间紧，两分钟也算完成任务。

如果在耳部按摩过程中出现痛点，说明与穴位对应的身体部位或器官可能有毛病；若有些痛点有发硬及肿胀现象，要着意多做按摩，在某种程度上可起到理疗作用。若经过一段时间的按摩，痛点不痛不硬不肿了，便是身体相应部位得到疏通，防患于未然了。

此外，按摩耳朵时，最好想到是在按摩对应的全身，给自己一个"放松疏通全身"的自我暗示。

一边捏耳朵一边放松全身，效果更好。

耳部按摩完成后，搓搓手，再用双手搓搓脸，用十指梳理头发。

而后就可以舒舒服服起床，开始一天的生活了。

白天上班，如果因为用眼过多感到眼部疲劳干涩，可以捏揉耳垂，眼睛不适症状会得到明显改善。

这对于经常用眼的人非常有用。

每天早晨醒来后呵护一下耳朵，表明你在善待自己中开始新的一天。

"耳聪目明法"的操作要领是：在按摩耳朵的过程中，体会全身也同时接受按摩的放松感觉。

"耳聪目明"还有一个贴切的名字：全息对应按摩放松法。

- 初查忙累账
- 学会断舍离
- 职场不焦虑
- 禅定工作法

扫码查看

第十八式 融会贯通放松法

工作禅第十八式：融会贯通放松法。

"融会贯通放松法"的操作分三步：

第一步，将"基本放松法"等放松技术与"每日金八条"融合为一。将放松嵌入到日常作息中，整个作息贯穿"放松"二字。

每天早晨醒来，先做耳部的全息对应按摩放松。

每天出门前，微笑着欣赏自己。

在上班途中自然而然地做一下全身放松。

到了班上，再微笑着欣赏一下他人。

接着，在欣赏自己的微笑中开始工作。

工作中遇到困难感到烦恼焦虑了，不妨用"舒展眉心放松法"中断烦恼焦虑。

记住，有了成绩和胜利就庆祝一下。

常用的口头语"糟透了""烦死人"之类早已被删去。经常挂在嘴边的是"很不错""交给我吧""没问题"。既感染了别人，又调整了自己，周边的气氛和谐圆融。

下班了，离开工作岗位时随口称赞一下自己："今天干得很棒!"

而后中断紧张的工作情绪，坚决跳槽到休息。

如果这一天有很多烦恼事，回家后不妨对大脑做一番清洗，将烦恼写到纸上，再将纸狠狠撕碎，扔到纸篓里，烦恼就去了一多半。

如果感到心头还有压力，不妨将心头萦绕的事情按重轻急缓写在纸上，该删掉的删掉，该括弧的括弧，明白自己最急需做的事情一二三有哪些。

如果感到工作的疲劳、心中的烦恼焦虑还多少残存着，翻一翻《工作禅》，许多问题就可能迎刃而解。

夜晚躺在床上，为了更好地入眠，再做一次全身放松法。

这就是一天的良好状态，如此操作，一天下来就非常如意了。

放松不是懈怠。放松是不和环境较劲，不和自己较劲，与天下万物处在自然和谐的关系中。

放松既是最初级的出发点，也是要探求的高级状态。

这是艺术，是做人做事的天才。

第二步，将几种放松技术灵活变通，用于解决各种实际问题。

譬如，我们经常会因为工作压力大、情绪过分紧张而身体小有不适。这种不适虽未成为疾病，但可能已成隐患。这种时候，放松的技术常常可以化解之。

工作太累了，肠胃紧张不适，这和四肢肌肉过分紧张会疲劳抽筋一样。

放松是调理肠胃的有效方法。

先"眉心松展慧中"，中断因为肠胃不适而有的多余焦虑。

而后做一下全身放松法，瞬间使身体放松下来。

还可默念"松"字，将"松"字从上到下贯通全身，而后更多地停留在胃部，体会胃部的放松。

还可以体会一下脸部的微笑，把这个微笑移到胃部。脸部微笑是放松脸部乃至放松全身的重要方法，那么，让胃部"微笑"一下，同样会起到神妙的作用。

"微笑放松法"说来简单，奥妙全在运用和体会。

一开始想让胃部微笑一下，感觉会比较模糊。

这时不要怀疑，身体是会学习的，体验几次就明白了。

第三步，体会并进入放松安详的新角色。

每天早晨都体会一下身心合一的放松感觉，然后站在窗前，用放松安详的态度俯瞰一会儿外面的大千世界，你会体会到一种新的人物感。这与之前紧张焦虑的自我有所不同。

当再进一步体会这种放松安详的新角色时，你就开始有一点变化了。就像一个演员经常饰演军人，体会和进入军人角色，时间长了，自己就有了军人气质。

经常体会并进入放松安详的新角色，我们也便真正成为新角色了。

我们站在窗前面对世界，整个身心都会处在放松状态中。

我们的面部表情是放松微笑的。

我们的整个身体是放松微笑的。

当我们这样"表演"放松安详的新角色并开始一天生活时，我们便有顺其自然的从容。无论怎样繁忙的工作，都既能生机勃勃又能如禅师扛锄种地般安详。

我们不是不做事，只是不焦灼、不烦恼地做事。

我们不是不忙碌，只是不杞人忧天，心头挂满苦累地忙碌。

"融会贯通放松法"，可以说是在真正的意义上向水学习。

万物中水是最放松的，我们绝不会看到水紧紧抓住什么不放，轴在那里，看似最柔弱的水，常常又是气象万千最威猛的。

如果我们能像水一样放松灵活，就会自然而然顺应一切变化。"顺应"一词在他人看来有些委曲求全，在这里只是安详从容。

浑然归一的人生状态，最终会让我们像水一样不放过一切机会，做成浩浩荡荡、一泻千里的壮观文章。

"融会贯通放松法"的操作要领是：

一、从身心合一的整体上体会放松。

二、在对世界的态度中贯彻放松。

经过这一式操作，朋友们会进入更轻松自如的状态。

第十九式　游戏工作法

紧张忙碌的现代人常常很向往"游戏工作法"。

然而，真正做到谈何容易。

一位做机要工作的朋友对我说，他从小就听大人讲"游戏学习法"，直到大学毕业，从来就没有实现过。

什么是"游戏工作法"呢？

我们知道，小孩儿在游戏中常常要学大人做事，无论是玩过家家游戏中，模仿大人炒菜做饭，还是在沙滩上模仿大人建水库挖运河，都把大人的工作当作游戏，孩子们乐此不疲。这时，你想将那些玩得热火朝天、一身脏污的孩子叫回家吃饭，常常很难拉得动。

孩子们的状态才是真正的"游戏工作法"。

大人们常常离"游戏工作法"很远，将工作当成游戏，常常只是善良愿望。

那么，怎样才能做到像玩游戏一样地工作呢？

让我们共同进入工作禅第十九式：游戏工作法。

进入游戏工作状态，要通过如下步骤：

第一，算清我们离游戏工作法的距离。

衡量是不是游戏工作，兴趣是主要标志。

厌烦工作，那工作起来肯定不算游戏。对工作有一点兴趣，也还不算真正的游戏。游戏工作法必须是兴趣盎然地工作，百分百感兴趣地工作，心甘情愿没有任何内心冲突地工作。

人做喜欢的事情往往会乐此不疲。就像小孩儿，让他写作业容易厌倦，让他玩游戏，可能几个小时都不知疲倦。成年人也一样，厌烦的事情没干就累。百分百感兴趣的事情，超时加班都不觉得累。

现在，请认真计算一下自己每日或每周的工作中，有多少时间是在百分百感兴趣地工作。

如果只有一半时间是有兴趣地工作，那么另一半就在游戏工作法之外。

如果一多半甚至全部工作都在兴趣之外，你的处境就很惨。

这种账若过去没有算过，现在不仅有必要算，而且该算得细一些。

这才能知道自己离游戏工作法有多远。

第二，消除通往游戏工作法的拦路虎。

第一个拦路虎自然是工作压力。

应该说，演艺界的明星们大都很热爱自己的事业，演戏、唱歌原本是他们最有兴趣的工作。然而压力太大了，一些人也会患抑郁症，有的甚至自杀。

这说明你再有兴趣的一件事情，如果紧张过度、压力过大，同样会使你失去游戏状态。小孩儿在沙滩上挖沟筑水库乐此不疲，可是，如果规定他每天必须挖沟八小时，他马上会吓得拍拍手跑掉了。有人喜欢吃饺子，如果一年三百六十五天顿顿吃饺子，恐怕他一见到饺子就会吐。再有兴趣的活动，一旦形成过重的压力，游戏心态就荡然无存。

所以，必须运用工作禅的一招一式来消减工作压力。

这一条做不到，大道理说得天花乱坠，花样动作再多，也难视工作为游戏。

一旦从心灵深处拿掉了多余的压力和焦虑，我们就自然而然地接近游戏工作法了。

第三，解决对工作的兴趣问题。

有些人不能游戏工作，并不是压力大，而是因为对自己的工作没兴趣。

那位搞机要的朋友就很不喜欢自己的工作，十分羡慕影视明星，说只要能做自己有兴趣的事情，哪怕累一点减减压，也能用游戏工作法了，可惜他的工作太单调。

我问：那你为什么还一直干这个工作呢？

他说：第一靠它挣钱，第二靠它获得社会地位。

我说：这样说吧，你是对工作的过程不感兴趣，但是对工作的结果、挣钱挣地位很感兴趣。

他说是。

我说：那就该好好干。挣钱多了，社会地位更高了，目的达到了，你对工作本身的兴趣也会逐步增加。就好像有人本来不爱喝茶，听说喝茶有利健康，便开始喝了。喝茶的时间长了，渐渐品出茶的香味，也便体验到了喝茶的乐趣。

这里，喝茶最初只是谋取健康的手段，后来就变成爱好了。

这个过程虽然不怎么戏剧化，却很实在。

第四，赋予工作新意义，给自己增添新兴趣。

同样是那位做机要的朋友有一天对我说，他这阵工作很烦恼，因为需要背大量的条文数据等资料以便应用，背得十分枯燥乏味。

我说：可这是为着挣钱挣地位成就自己呀！

他说：即使为了这样的目的也很难支持自己干下去。现在要背的这些资料只是两三个月之内要用的，过后就可能完全没用了。费了半天脑子，记的都是今后毫无实用价值的短命知识，太无聊了。若干别的工作，边干边学，可能都是今后有用的东西呢！

我问：你能豁出去不背这些资料放弃工作吗？

他叹了口气，说：不能。

我说：既然这样，你就不要陷在这种不得不背又心不甘情不愿的冲突中。

你可以这么想，虽然这些资料并没有长远价值，但是，假如你能用尽可能少的时间比别人背得更好、记得更牢，这种整理记忆资料能力的训练对未来的人生是非常有用的。

这位朋友的思路渐渐明朗起来，问题随之迎刃而解。

生活中我们常会像这位朋友一样，遇到不得不干的事。如果我们能够赋予这些事物新的意义，形成新的兴趣，就会干得不烦恼，干得轻松，干得多快好省。

第五，将工作艺术化。

一天，我与那位搞机要的朋友在街上散步，看到小饭店的拉面师傅在街边支着大锅，将面团甩来甩去，惹来众人围观。师傅将面拉得有板有眼，周围的人也看得兴趣盎然。

我对那位朋友说：这位拉面师傅就是游戏工作法。他这时的快乐并不只在挣钱，也并不在乎什么今后个人发展，他的快乐在于自己玩活儿玩儿得漂亮。

天下一切工作都可以玩儿得漂亮，玩儿出艺术来；企业家生意做得漂亮，做出艺术来；科学家灵感四溢发明创造，做出艺术来；记者新闻做得标新立异，做出艺术来；如果工作都能像拉面师傅玩活儿一样玩儿得漂亮，玩儿出艺术表演来，我们就能更兴趣盎然地进入游戏工作状态了。

将工作玩儿得艺术化，是最纯粹的游戏工作境界。

工作禅第十九式"游戏工作法"的操作要领是：

一、算清我们和百分百感兴趣工作间的距离。

二、通过一系列行之有效的方法逐步拉近并消除这些距离。

按照这些程序操作，我们会自然而然地进入游戏工作状态。

- 初查忙累账
- 学会断舍离
- 职场不焦虑
- 禅定工作法

扫码查看

第二十式　每日承上启下

我们已经能够"游戏工作"而乐此不疲了。

然而，有些朋友还会遇到难点。

这些人往往是从事"长篇创作"的。譬如，作家写作长篇小说，设计师设计大型建筑，画家创作一幅大型画作，程序员编制大型程序，这种"长篇创作"要求一个人几个月甚至一年两年持续做一个项目。

这时，劳累和厌战情绪十分普遍。

很多作家年富力强时能写长篇，年纪稍大就只能写中短篇乃至杂文，充分表明长篇创作是件艰难的事情。对于这类朋友，如何保证在游戏中工作，是难而又难的事情。

"长篇创作"玩不好，有可能玩掉性命。

应该怎么办呢？

这样，我们就顺势推出工作禅第二十式：每日承上启下。

讲的是如何掌握好工作节奏：每天的工作在何处结束，第二天的工作在何处开始。

美国著名作家海明威讲过一句重要的写作经验：每天写到最好写时打住。

这是一句至理名言。每天写到最好写的时候收住笔，意味着第二天在最好写的地方开头。这样，第二天早晨继续开始写作时，就有一种跃跃欲试的兴奋。

这绵绵不绝的兴奋能帮助我们旷日持久地坚持游戏工作。

反过来，如果每天写到最难处写不下去时才停笔，第二天开始写作时就难免有一丝畏难。这日积月累的畏难会使我们对工作厌倦并产生莫名的烦恼。

千万不要小看这一点。大多数人都可能犯每日在写不下去的最难处打住的错误。无论你写小说、搞设计，还是做其他"长篇创作"劳动，正做到舒服时，你通常不愿停住。往往在自己做不下去时才会勉强收摊，结果是每天晚上牵肠挂肚地结束，每天早晨畏难地开头，久而久之，必然毒化了自己的工作状态。

如果把对工作的热情比作恋爱，那么，恋人每次见面都应在未尽兴时分手，爱情才会保持长久的吸引力。如果每次都以厌倦对方疲劳不堪告终，这样的爱情注定难以为继。

笔者几十年来写作了数十部长篇著作，能够坚持下来的经验之一，就是掌握好这种每日在何处打住，第二天在何处开始的节奏。

有朋友会问：假如现在我正有创作灵感，也该就此停住吗？

这里，对海明威这一至理名言在执行时还要有具体说明。

第一，当然不可能在早晨刚开始工作正获得灵感时就打住一天的写作，什么活儿还没干就结束了，岂不成了玩笑。所谓在最好写处打住，是指一天的工作临近结束时，逢到最好写处收住笔就是了。

第二，所谓遇到最好写处，也不是一开始就该打住。

既然好写，就要趁势多写一些。这样工作了一阵，估计好写的部分即将结束，难点将要出现，又临近下班的钟点，就该打住了。

留下一个好写的段落，作为明天的起点。

尽量不让自己在每天早晨开始工作时，先遇到一个难过的坎儿。

这样将海明威的经验发挥开来，就成了工作禅的"每日承上启下"。

它的核心奥秘是：今天工作结束时，要想到明天工作的开始。

第二天的工作一定要能接上第一天工作的这口气。

对"每日承上启下"的更重要发挥是：消灭万事开头难。

万事最难的是开头，无论是写小说、搞设计，还是编程序。长篇作品中又分章分节，每一章、每一节的开头往往又是比较难的。绝不要把每章每节的开头留给第二天早晨，那样，你很可能枯坐半天进入不了工作状态。

笔者曾和很多人一样，习惯在写完一章一节时打住一天的工作。后来发现这样做不合算，便改变了策略。哪怕今天写完了一章，也不就此打住，而是把下一章的开头草草写上几句。这草草几句即使并不成熟，第二天坐到案前看一看、改一改，气儿很顺利地就接上了。

我把这一方法告诉过一些朋友。

他们说，仅此一条，写作速度就能提高不少。

希望搞"长篇创作"的朋友们能从"每日承上启下"这一式中得到启发。

关键是掌握好日复一日的工作节奏。

"每日承上启下"这一式还有一个很形象的名字：天天见好就收。

- 初查忙累账
- 学会断舍离
- 职场不焦虑
- 禅定工作法

扫码查看

第二十一式　打牛不打车·当好自己的教练

讲了这么多减压方法，最终都是为了更好地工作。

那么，如何提高工作效率干得又快又好呢？

我们推出工作禅第二十一式：打牛不打车·当好自己的教练。

禅宗史上有一个著名公案。六祖慧能的亲传弟子南岳怀让禅师看见一个整日闭目打坐的和尚，问他做什么？对方说，要做佛。南岳便拿来一块砖在地上磨起来，对方被磨砖的噪声干扰得不行了，问南岳什么意思？南岳说要做镜子。对方说：磨砖岂能成镜？南岳回答：磨砖不能成镜，打坐岂能成佛？又说：牛车跑不动了，是打牛还是打车呢？

南岳用"打牛不打车"这个比喻启发对方。

想成佛，就要从心灵的彻悟入手。

被南岳开悟的和尚就是禅宗史上著名的禅师马祖道一。

生活中遇到问题，我们常常忘了"打牛不打车"的道理。

教练都知道，要出成绩自然要抓运动员。怎么抓呢？有些教练可能就糊涂了：他会抓运动员的体能，抓运动员的技术，抓运动员的耐力。可是常常有这种情况，体能、技术和耐力都很优秀的运动员却临场发挥不好，什么原因呢？

状态欠佳。

那么，教练要使运动员创造奇迹，一定要把运动员的状态调到最佳。

这里，状态是"牛"。运动员的体力、技术之类是"车"。

"状态"不好，"车"跑不起来。

运动员状态不好，过分焦虑，教练制订再高的训练目标也无法达到。

状态决定一切。

我曾与一位年轻编辑探讨提高工作效率的问题。

我们第一次见面，谈我的一部即将出版的书稿。

这位年轻编辑调到出版社不久，分派她做这本书的责编。她刚刚看完书稿，讨论时也谈了她的看法。社里希望我对全书再做些修改，修改前，先由编辑将出版社的修改方案细化在书稿上，供我参考。

我注意到她面有难色。

一位年轻编辑新到出版社，就接一部社里的重点书稿，作者又不算无名之辈，让她独挑大梁，难免有压力。社里又希望她做得快一点，可能更让她窘迫。

我第二天打了个电话，问她有没有压力？

她说有。

我随后说了三句话：第一句，称赞她看稿感觉好，包括对书稿的很多细部意见提得很到位。第二句，建议她不要谨小慎微地斟酌。我说，你再通读一遍书稿，把第一印象毫无拘束地批注在书稿上，不怕有些地方写得不对，意见要宁滥勿缺。我甚至笑着说：你不但要"放开"，而且要"放肆"。第三句，我告诉她别急，慢慢来，我绝不催她。

没两天她把书稿处理完了，活儿做得很漂亮。

她说，自己这次处理书稿发挥得很好，效率很高。

问她原因。

她总结说：第一，你肯定了我的看稿感觉，让我有了自信。第二，你让我放开来搞，又不催我进度，我很放松。

我说：还有第三吗？

她说：刚到出版社就接一部重点书稿，有点兴奋。

我说：这就全了。自信、放松、兴奋，这是好状态的三要素。

有了这三要素，肯定就有了工作的高效率。

运动员上场要发挥好，必须进入"自信、放松、兴奋"的好状态。

我们都是运动员，每日在生活的赛场上。

要想保持工作的高效率，就要当好自己的教练，时时调整自己进入自信、放松又有点兴奋的状态中。

这就是"打牛不打车"。

如果你既不自信，又不放松，还不兴奋，却想提高工作效率，那就错了，是打车不打牛。

工作禅"打牛不打车·当好自己的教练"，就是要从状态入手，提高工作效率。

一、每做一件事之前，先想想自己是否在状态，即是否自信、放松、兴奋。

缺什么补什么：不自信使自己自信，不放松使自己放松，不兴奋使自己兴奋。

二、放松是三要素的核心。

不放松，兴奋不能持久，自信也会遭破坏。

三、将"打牛不打车·当好自己的教练"当作座右铭。设成桌面，一打开电脑就先看到。

在此座右铭下，还可写如下格言：

不要拿高目标指挥自己，要向好状态要一切。

用高目标指挥自己，是对自己拔苗助长。

向状态要一切，才是对自己浇水、施肥、除草。

善于调整自己每日处于最佳状态，才会做得最多最好。

把对状态的重视坚定不移地摆在第一位，是最大的明智。

四、如果你还是企业或部门的负责人，那就不仅要善于调整自己，还要琢磨如何调整部下及员工们的状态。调整好了他们的状态，你领导的企业或部门自然而然会发生奇迹。

　　记住，做领导的绝不能只用进度来要求部下，那是最笨的方法，是打车不打牛。

　　五、我们不仅要研究怎样工作，而且要研究工作的状态。就好像一个作家，不仅要研究怎样写小说，更要研究自己写小说时的状态。否则也许他知道小说该怎么写，却因为状态不好累坏了，因而再也写不动了。

　　"打牛不打车"的要领是，当好自己的教练。

第二十二式　思维川流不息

　　一次文学活动中，记者们与我探讨写东西如何写得快、写得好，气氛热烈。记者们每天都要出稿子，写作是他们的日常工作。

　　我当时的回答是：要进入天才灵感状态。

　　一位年轻朋友开了玩笑，意思是我这回答过于往高了去了。

　　我说：我们也许都不是天才，但是完全可能逐渐接近天才灵感状态，甚至经常进入这种状态。

　　一位记者问：如何才能进入天才灵感状态？

　　这样，我们就进入工作禅第二十二式：思维川流不息。

　　要进入天才灵感状态，重要的是养成"思维川流不息"的习惯。

　　什么意思呢？

　　一个例子就能阐述明白。

　　许多人都有这种经验，考外语听力时，一个个词汇、语句源源不断而来，你自然在听，在辨别，在应对。如果所有的词句都一听即会，你的思维自然处在川流不息的流动状态中。然而，很可能某个单词出现时你一时反应不过来，这时，不停留在这个单词上左思右想，而顺序听下去，直到把全文听完掌握了整体，反过来有可能回想起当时没有反应的单词，记起了它的词义，这样通篇听力就解决了。即使最终也没有把这个单词想起来，那么，一点小小的模糊不清也不太损害你对全篇意思的掌握。

这就是"思维川流不息"的方法。

倘若不是这样，遇到一时反应不过来的单词就卡在那里，翻来覆去想，后面源源不断的单词、句子都听不见，即使勉强想起了这个单词的词义，也丢掉了全局，甚至可能到最后也没有想起这个单词是什么意思。

朋友们会觉得这个例子很小儿科，自己才不会犯这种低级错误呢！

那天也有记者说了这样的意思。

我说：不对。在日常工作与生活中，我们恰恰会犯抓住一个单词停滞不前的错误。

考外语听力的例子包含着生活的智慧。

譬如，写文章常有这种现象，有时一句话一个词写不下去了，可能就此卡住，卡半个小时、一个小时甚至卡一天都有可能。这就是一种不聪明的写作方法。

正确的态度是，既然卡住了，不妨先放下这一句话、这一个词，接着往下写。回过头来，这句话、这个词可能顺手牵羊就解决了。

有位记者说，他常常一个词想不妥当就写不下去，这成了他的习惯。

我说：你再想想，你在生活中是不是遇到一个问题，也习惯停在那儿想来想去？

他说：是。再小的问题，当下不解决就无心干下面的事。

我说：你大学考试时，一个题目卡住了，会不会一直停在那里苦思冥想，不去做下面的题呢？

那位记者摇了摇头：不会。考试时间有限，要合理运用规定的时间嘛！

我说：我们在生活中也该和应对考试一样，最合理地运用时间。如果你每一个小时、每一天的时间都发挥了最大效力考了高分，你的人生才是成功的。

我又说：大家有没有这种经验，做数学题一道题卡住了，死停在那里有可能到最后也答不出来。按顺序做下面的题，回过头来再看，有时候问题倒一下子迎刃而解。

他们说：有这种体会。

我说：所以，做一切事情都要使思维处于川流不息的流动状态，绝不要在一时一事上卡壳。

天下万事都是此理。

譬如，外交活动中经常遇到谈判僵局，两国关系有时会因为一个很具体的问题僵持住，这时，如果双方都卡在这里，置双边关系的全局不顾，那么，外交新格局就不会出现。如果这时能够将问题暂且放一放，先考虑大局，这篇外交"答卷"就会整体上做得不错。

朋友们会问，"思维川流不息"不在一个难题上卡壳能提高效率，这倒说服我们了。但这就能使我们有天才灵感状态了吗？

我说，是的。就像刚才提到的考外语听力，当你在一个单词上停住苦思冥想时，不但丢掉了全局，而且会越想越焦虑；如果能放过这个单词川流不息地通篇听下去，不仅源源不断地掌握了全体，思维还会因为放松和兴奋越来越灵敏；最后就越来越接近和进入天才灵感状态了。

思维在流淌中生出活力。

思维在滞留中越来越僵化。

这是奥秘。①

————————————

① 熟悉禅的朋友知道，当我们的思维进入了川流不息的状态，就真正达到了禅宗所讲的慧的状态。

六祖慧能讲过一句话："一切无碍自性慧。"

这句话十分彻底。

我们也许不能做到完完全全的"一切无碍"，然而，我们要尽可能地接近这种状态。

慧能讲的"应语随答，应用随做"，十分透彻地注释了一切无碍自性慧。

所谓"应语随答"，是对方一提出问题，你便随口做出独一无二的正确回答。

所谓"应用随做"，是现实生活中一出现需要，你就顺应需要随手做出最正确的操作。

这种毫不停滞的随机应变，就是一切无碍自性慧的状态，也就是思维川流不息的状态。

我们在工作中总有思潮如泉涌的时候，那时就要以此对比那些停顿滞涩、裹足不前的状态。要知道我们失足在何处。要知道我们为什么有时能够应语随答、应用随做，有时却处在自己的问题自己都解决不了的糟糕状态。看明白这里的差别，体会到这些差别的种种缘由，我们就向一切无碍自性慧迈进了一大步。

工作禅"思维川流不息"的操作要领是：

一、放松心态，面对全局。不在一时一事上斤斤计较。

二、遇到问题能解决便解决，难于解决则要暂且放下。

三、在整体推进中，可以随时"惦念"着没有解决的问题。

这是若有若无的惦念，是没机会就不着急、有机会就捡起来的惦念。

四、等待突如其来的灵感。也可能原本难解的问题，瞬时洞然明白。

五、等待条件成熟。有时一个问题解决不了，是因为整体形势还不具备解决的条件。在整体的前进中条件成熟了，未解决的问题就迎刃而解了。

六、一个问题暂未解决，不该引起多余的焦虑。

为一个暂未解决的问题而烦恼不堪，这种情绪的胶着力十分可怕，一定要警惕。

"思维川流不息"的另一个名字是，不在一个单词上停留。

・初查忙累账
・学会断舍离
・职场不焦虑
・禅定工作法

⊞ 扫码查看

第二十三式　静心灵感法

工作中有些难题暂时放一放可以，因为终归可以解决，但有些难题十分关键，成为挡在面前的绊脚石，不解决就不能前进。

在这种情况下，许多人难免苦思冥想。

如果苦思冥想还是解决不了问题，应该怎么办？

我们便推出了工作禅第二十三式：静心灵感法。

当大脑在苦思冥想急于寻找解决难题的方法时，就像一个大厅里挤满了人，都拥在一起急着冲出去。可是，人越挤大门越打不开，这时，如果有人大喊一声"静一静"，人群顿时安静下来，拥挤的现场松动了，厘清了秩序，门便能从从容容打开了。

有人会说：这种比喻说起来好听，真能如此吗？

这样，我们就和古人"妙用于一心"的说法贯通在一起了。

什么是"妙用于一心"？

就是静下心来，使自己灵光一现。

它是古往今来很多天才人物的经验总结。

许多大军事家都会面对难以抉择的复杂问题，这时，幕僚与参谋部会提出各种方案供其选择，有时这种选择是在一轮一轮的讨论会商之后，但最后的决策要靠军事家本人独自静下心来才能做出——正确的选择往往可能瞬间出现。

瞬间出现的选择便是天才灵感。①

不仅大军事家运用这种静心灵感法，一切杰出的政治家、实业家、思想家、艺术家在面对难题时，能够绝处逢生或者石破天惊地开创局面，很大程度上得靠静心灵感法。

如何实施"静心灵感法"呢？

下面的例子就包含了完整的操作程序。

一位公司老总面对一个非常复杂的项目选择，他和部下连续开会，反复商量，相互对立的意见与方案争论十分激烈，他也接连几天苦思冥想，难以找到解决问题的妥善方案。

我和他谈到"静心灵感法"的操作。

第一步，把有关难题的所有背景要素、所有思路、所有相互冲突的意见方案都一条条罗列出来，要尽可能无一遗漏。

---

① 灵感思维不承认一加一等于二这样的逻辑思维，因为复杂的问题往往把千百个逻辑程序堆在一起了，一般的推理无从找出正确答案。灵感思维以一种类似直觉的方式迸发出来，有如一台超大型的电子计算机，进行了一次常人难以想象的高速运算，在一瞬间把结果呈现出来。

用现代心理学语言说，是在等待自己的潜意识工作。

我们在墙上挂了一张比一般地图都大得多的白纸，我请那位老总用粗黑笔将有关的思路方案连带各种背景要素不分次序地全部写在上面，有的一条写成一句话，有的一条写成两三个字。很快，大白纸写满了，最后连边角地带都横七竖八写满了字。

第二步，退到一个适当的位置，能够一目了然俯瞰全局。

我说：你一条条写的时候，是在近距离打量它们，就像你头脑里一条条想的时候一样，也和你开会时一条条议论时一样。现在，你想打量全貌，是否该退到远一点的距离？

那位老总一步步后退，退到一定距离，能够像高空鸟瞰地面景物一样对一墙黑字获得了全貌。

他说：你是希望我从全局观察和考虑。

我说：没错。你站在这里，就比站在近处看得全。可是你注意没有，虽然你现在看得全了，目光还在墙上一条条扫描，很难一眼把几百条思路都读到心中。

他问：那该如何办？

第三步，应该进一步放松目光，使得我们对事物的全貌有更从容的鸟瞰。

我告诉他，眯起眼将目光恍惚起来，这样，满墙黑字似乎都看见了，又都没看见。在这种状态中打量全局，就好像一只在高空盘旋的鹰一样，任凭思想自由翱翔。鹰对大地的景物似乎都看见了，又不那么仔细盯着看，当猎物出现时，鹰便能一下子发现目标了。

那位老总说：有点新思路，只是窗户纸还没点透。

第四步，需要真正安静下来。

我请他安安静静坐下来，尽可能放松自己。

这时不需要再去打量那一墙黑字，眼睛也完全合上了。

用心灵感觉刚才扫描过的一切。

看过《工作禅》的朋友此时可以做一下"基本放松法"，在心中给自己一个淡淡的期待——我在等待解决问题的灵感出现，而后尽可能地放松自己，连期待都淡化到若有若无。在虚静至极处突然心中一动，主意来了——那就是古人所说的"灵光一现"。

那天，这位老总逐步操作下来，在长达四十分钟的静坐中果然获得了解决问题的灵感。

他有些兴奋，问"静心灵感法"的操作奥秘在哪里？

我说：首先，遇到难题时有点苦思冥想是必要的，它是"静心灵感法"的运用基础。

而后，在苦思冥想的基础上，做如下几点：

第一，罗列所有有关问题的思维要素。

第二，拉开距离，俯瞰全貌。

第三，将目光恍惚起来，更放松地打量它。

第四，入静，等待灵感出现。关键是将此前不可自拔的苦思冥想完全中断，听凭灵感自然而然出现，在这个过程中不可有任何急躁。①

　　以上就是"静心灵感法"的操作要领。

　　希望朋友们经常运用这个方法，找到解决各种难题的天才方案。

_____

　　① 　有时候遇到特别复杂的难题，即使静下心来，灵感也还是没有出现。

　　并不是所有的难题一静下心来就能找到解决的方法。

　　这既和静心灵感法的运用水平有关，也和面对问题的难易程度有关。

　　这时还要耐心等待一些时日，把纠缠我们的问题暂时放一放，意识到这也是一种"静心灵感法"，然后去睡觉、去爬山、去游泳，或去干别的事情，完全可能一觉醒来有了灵感。

第二十四式　别开生面法

天才灵感状态，特别表现在解决别人解决不了的难题上。

然而，我们发现很多难题属于那种非此即彼的左右为难。

譬如一个项目到底做还是不做。做，有利也有弊；不做，也有利有弊。我们便左右冲突无法抉择，而耳边的各种参谋更加重了你的矛盾冲突。又譬如找工作，你被两家公司同时录用了，到底去哪家，孰利孰弊也可能成了很难抉择的事情。

至于在具体工作中如何编一个程序，写一个策划，处理一个人际关系，更会遇到数不清的左右为难。

遇到这种情况该怎么办？

我们便推出了工作禅第二十四式：别开生面法。

"别开生面法"面对的就是天下各种难解难分的抉择。

禅宗史上有个著名的公案。

师父问徒弟：一只鹅从小养在瓶子里，鹅一天天长大了，从瓶子里出不来。现在问，既不能打碎瓶子，又要让鹅活着从瓶子里出来，有什么办法？

徒弟左思右想没有办法：要让鹅出来，就只能打碎瓶子；不打碎瓶子，鹅就出不来。

这是一个非此即彼、左右为难的事情。

那么，禅宗公案是如何解决这个难题的呢？

师父对徒弟说：你问我吧，我来回答。徒弟于是把问题重复了一遍：鹅在瓶中长大，鹅大瓶口小，如何不打碎瓶子又能让鹅出来？师父突然高叫徒弟的名字，徒弟"哎"地应了一声，这一瞬间，徒弟从刚才的思路中脱离了。师父指着他说：这不是出来了吗？

徒弟恍然大悟。

师父叫了徒弟一声，不是鹅从瓶中出来了，而是让徒弟从非此即彼的思维僵局中跳出来。

师父提出"鹅如何从瓶中出来"的两难问题，原本就为了考验徒弟的悟性。

徒弟的恍然大悟，是禅宗公案中的"顿悟"，是对禅的体验。

我们在生活中也要运用这个公案提醒自己，千万不要陷入左右为难的思维僵局。

要善于别开生面地解决问题。

在运用"别开生面法"这一式解决问题时，有三种情况：

第一，两两兼顾。

天下有些看来非此即彼完全对立的事情，其实有可能统筹兼顾。

中国西北部有一片原生态的自然景观被发现，那里有原始森林、高山草原，还有各种野生动植物。当地政府就有了两种对立的方案：一种，从繁荣经济出发，主张尽快将其开发成旅游区；另一种，从保护生态环境出发，不但不能开发旅游，甚至主张封山。两种方案无疑很对立：要发展经济，就可能破坏原生态环境；要保护环境，就必须牺牲经济发展。随着研究的深入，他们发现彼此冲突的两方面是可以兼顾的。当地政府会同专家制定出了一套周密规划适度开发的方案，自然环境非但未遭破坏，还因为道路的开通、巡山护林力量的加强，过去经常发生的旱季火灾也杜绝了。

人生中这种两两兼顾的境况是经常存在的。

关键是遇到两种方案对立冲突左右为难时，要敢于突破习惯思维，在深入研究中发现统筹兼顾的可能性。

第二，两两俱否。

这里讲一个脑筋急转弯的例子。

有人问：你是选择当小偷呢，还是选择当强盗？不聪明的人就会被这看来两难的问题限定在那里，找不到出路。

正确的回答很简单：都不当。

朋友们或许觉得这个小例子与己无关。

实际上，生活中却可能经常出现类似的情况，当面对左右为难的两种选择时，最初你会矛盾许久，最后却可能发现正确的方案是对两者都否定。

有一些让你左右为难的事情，或左或右都没有意义。

脑筋急转弯就能立刻左右都不要，从两难中脱身。

第三，山外有山。

跳出左右为难的两种选择，在新的高度上提出迥然不同的第三种方案。

譬如，很多人处在工作与健康的冲突之中，一方面工作压力大身体有问题，需要休息锻炼；另一方面，休息锻炼又要耽误时间影响工作。想休息不行，不想休息也不行。休息与工作争时间，似乎看不到出路。

我们却提出山外有山的新思路：消减额外支出。

消减了额外支出，就能多出一大块时间和精力来，使得我们在工作与健康两个方面都有了富余。

一位三十岁就做到公司副总的年轻人遇到了左右为难的冲突，他所在公司的老总是个刚愎自用很难相处的人，年轻人想调走，又舍不得在公司累积的资源，翻来覆去很矛盾：留下，就要受窝囊气；调走，损失又很大。

他问：到底该留下还是该调走？

我没有直接回答他的问题，而是别开生面地打断了他思维钻入的牛角尖。

我说：我不想回答你该留下还是调走的具体问题，我想和你专门谈谈处理人际关系的一些法则。也可能这方面的眼界提高了，你自然而然就解决了问题。

接下来，我们全面讨论了他的人际关系环境，就此厘清了处理人际关系应该有的大思路。[①]

年轻人发现，自己原来面对的左右两难其实很好解决。

原以为留下就要受窝囊气，调走损失又很大。

现在留下了却可以不再受窝囊气，并且在公司的发展会越来越顺。

别开生面法是一种打开眼界的思维方式。

希望朋友们经常想想"鹅如何从瓶中出来"这个禅宗公案。

遇到难题时不是一味苦思冥想，而是让自己先从瓶中"出来"。

"别开生面"的操作要领是：遇到事情左右为难时，一想是否"两两兼顾"，二想是否"两两俱否"，三想是否"山外有山"。

"别开生面法"这一式还有一个别名：山外有山。

----

① 有兴趣的读者可参看本书附录二《处理人际关系十大金法则》。

收式

工作禅二十四式到此操作完毕。

现在是收式。

二十四式是由浅入深、逐式递进的。

朋友们按顺序操作下来，一定会获得意想不到的收获与欣喜：你会从紧张的工作压力中解脱出来，身心得以放松；各种烦恼和冲突不再像过去那样加害于你；你不但能够进入游戏工作状态，还越来越呈现出天才灵感状态。

那么，工作禅的收式收在哪里呢？

收在完整如一的"好状态"中。

此前的操作基本围绕着工作，现在，当解决了困扰我们的种种问题之后，该将工作中的好状态扩展到整个人生中。

我们的人生应该是两部分：工作是其一，生活是其二。

这里所说的"生活"是狭义的，指相对于工作的休闲、娱乐、享受、消费，等等。

当我们面对生存压力急功近利地应对时，往往出现两种误区：

一种是工作就是为了生活。拼着命辛苦万分地工作，为了挣到钱去休闲、娱乐、享受、消费。在这些人眼里，工作是地狱，休闲享受才是天堂。

结果，人生的一半被污染了。

还有一种恰恰颠倒过来，生活为了工作。全部的休闲、娱乐、享受都是为了恢复精力，以便第二天再去工作。吃饭是为了工作需要的营养，睡觉是为了积蓄工作的精力。

这种围绕工作轴心旋转的人生旋律，是当今特有的一种生存污染。

我们处在一个名利心过重的时代。名利心既是社会发展的动力，也是诸多罪恶与痛苦的根源。名利心过重，会使人生面目全非，使人成了单纯的生产机器。

我们说，生命的所有时间都具有同等的意义。

这里再讲一个禅宗故事。

一个人被猛虎追赶，逃到了悬崖下。他顺着一根葛藤爬到了半山腰，这时，猛虎在下面咆哮，他喘息未定，抬头又发现一只田鼠正在崖顶啃噬他攀援的葛藤，眼看葛藤就要被啃断。在这进退两难万分危急的时刻，他突然看见眼前的绝壁上生长着一颗鲜红的草莓。一瞬间，他忘记了上有田鼠啃藤下有猛虎咆哮，将草莓摘下放入口中，品尝到了甘美的滋味。

在生活中，我们常常难以预料下一时刻的境况，就像这个在峭壁上攀援的人。然而，只要此时此刻此瞬间他是可以支配的，他就要享受和体会生命的快乐。

请领会这个故事并有所开悟，你就会知道生活何其幸福。你的处境要远比那个上有田鼠啃藤、下有猛虎咆哮的人宽松多了，何苦百般焦虑毒化生命呢？

人生相对于浩渺的宇宙，只是极短的一瞬。生命就如那鲜美的草莓，我们要在这短短的瞬间充分品尝生活的甘美。

要永远快乐自在地活在当下。

工作并不是赶着命受苦为将来的生活，工作本身就是幸福。

休闲并不是抓紧时间恢复体力为赶着去工作，休闲在此刻就是幸福。

睡觉并不是为了工作才给自己安排的任务。困了才睡觉，睡觉原本是一种享受。

同样，我们绝不是因为明天想要钱花，今天才不得不将工作当作必须承受的苦难，我们现在就渴望并享受着工作这个游戏。

当我们真正活在当下时，每一片阳光才会灿烂，生活才漾出游戏的兴味，而我们也便获得了赤着脚在沙滩上自由玩耍的儿童般的快乐。

这就是工作禅收式时看到的风景。

烦恼即菩提。

克服了烦恼，化烦恼为菩提，
你的境界就有了长进。

附录一　减压新思路——消除十二种额外支出

上篇　关于额外支出的四个基本问题

在当代，年轻人面对的生存压力是个全球性问题，很多工作难干，也是比较累的。如果一个人自己没有累过，没有在工作中吃过苦，和朋友们进行这种交流是没有资格的。

大家都知道，在很累的活儿里有一样东西叫写作，用一个女作家的话讲，写作不是人干的事情。你看有些作家，当他写累了，可以去当导演，可以去当策划，可以去做生意，但是书写不动了，写作是件相当辛苦的事儿。

那么，我已经写作多年，说真的，在这几十年中我最大的一个收获，不光是研究怎么写东西，还要研究在什么状态下写东西。

也就是说，一个人不要只研究工作怎么做，还要研究在什么状态下工作。

要不，没有一个人可以坚持下来。

有些年轻朋友，我和他们认识了三四年，他们是这几年发展得比较快的年轻人。这几年中，他们在很多关键时刻跟我交流过，这种交流大概帮助他们战胜了一些困难，越过了一些坎儿。现在相当多的人活得比较累，我知道这个。咱们都是这样一步一步过来的。

希望下面的交流能够解决你的问题，使你感觉人生有了新的依靠，少了恐惧，多了把握。用句很俗的话讲，知识就是力量。我们要在这方面增加一点认识，增加一点见解和方法。

前言：问题的提出

先举一个例子。

一个年轻人来找我，他工作非常辛苦，力不从心，有时候腰酸，有时候腿疼，到了下午还恶心，肠胃不适，动不动就感冒，睡眠不好，总怀疑这儿有病那儿有病，想去医院检查，又怕万一查出问题承受不了。但他还想工作做得好，做得棒。说得俗点就是想职位能够发展，待遇能够提高。这种情况下压力是可想而知的。

我以为，一切所谓的人生咨询、心理咨询的理论和教条，都要面对这样的现实。解决不了现实的问题，大可不必听信他。

那么，面对这样的现状，应该怎么办呢？

第一种理论说，提高工作效率呀，你提高了工作效率，干活不就快了吗？你不就轻松了吗？这样的声音满世界都是，可很多人还是解决不了问题。因为年轻人已经尽全力了。所以，这样的理论虽然正确，等于没说。

还有一种声音说，得注意健康啊！你们看，现在有多少注意健康的书，千万不要生病，千万不要亚健康。亚健康有种种表现，真正的健康有多少标准。

这样的书大家或多或少都看过，怎么没有受益呢？

朋友们会说，没时间呀，顾不过来嘛！有人甚至会说，我不仅没有时间，有时候连锻炼的情绪都没有。

不是不知道健康的重要，是生存压力使你找不到保持健康的时间和精力。

还有人说，可以吃保健品呀。

有人说，吃过，效果不好，而且现在甄别保健品是真是假很困难。

最后一种说法好像比较高明，说你减压呀。

可是有的年轻人告诉我，怎么个减压法？我已经全力以赴了，尚不能让上级百分百满意。我干的所有事情都是必要的，没有一件可以减掉。你让我少开几个会，少管几件事，行吗？

减压，谈何容易。只要是努力工作的人，都有这个问题。

在互联网时代，消息四通八达，真有什么好方法，不可能没有听说过。

那么，往下我们要解决这个问题，这也是我几十年探索人生，一步步摸索出来的。既包含我对心理学的探索和学习，也包含对人生经验的探索和学习，还包含着对古今中外各种成功人士的经验的探索和学习。

前面我们谈到，让你重视健康，谈何容易。

让你减压，你好多事情都要干。

你处在巨大的压力和冲突之中。

——有出路没有？

一　生活中有大量的额外支出

我的回答非常简单，出路在于减少额外支出。

有人会问，莫非我们的支出有额外的吗？

我告诉大家，所有的年轻人，包括朋友们在内，每个人不但有额外支出，而且量非常大。一般人三分之一以上的支出是额外的。

不要觉得这句话是不可想象的。人的很多支出是额外的，是多余的，是不必要的。就是因为自己不知道，在那儿支出着，在那儿浪费着，在那儿消耗着，在那儿自我折磨着。不懂得这一点，永远在身体与工作的矛盾中不可解脱。

要走出这个死局。

那么，什么叫必要的支出呢？

我们干工作，要不要辛苦啊？要辛苦。做编辑得动脑子吧？得动。这种劳动是必要的。每天上班，无论是开车骑车坐车，得花费时间，得消耗一定的体力，这是必要的支出。

然而，这些应付工作所需要的支出会伴有许多额外支出。

举一个简单例子，坐车上班，路上堵车了。当你别无选择的时候，只能在车里坐着。如果这时心态好，虽然耽误了时间，但对精力的消耗有一定限度。可是如果你特别焦虑，坐立不安，使劲儿埋怨自己运气不好，你的消耗就比那个坐在车上顺其自然到达单位的人要大得多。

要体会这里的细微处，奥妙都在这里。

你坐在车上骂了一路气了一路，可能没觉出自己消耗了什么，实际上你消耗了相当多的体力。

如果我遇到这种情况，我可能会闭目养神，因为没有别的选择。这样，到单位以后我的精力就比你多一块。一天下来，你少掉几块，我多出几块，这个差别就明显了。

再举个例子，比如打麻将，你碰到几个情投意合的伙伴，可能打了一个通宵，到天亮的时候在沙发上眯一会儿也不觉得太辛苦。

同样是打麻将，你和几个极不顺眼的人坐在一起，出于某种原因不得不陪着他们，可能两三圈下来已经非常疲劳，会感觉肩膀酸脖子疼。

不要小看这些例子。

如果把打麻将看成工作的话，同样的事情，你情愿，干到天亮，五六点才在沙发上歪一觉，你不辛苦；可是你不情愿，干不了多长时间，你会满脸辛苦。

我经常看到周围人这样辛苦地生活。

聪明人要尽可能躲开这些辛苦。

如何躲开这些辛苦，要有悟性，要有方法。

你和一个人聊天，哪怕是谈项目合作，如果你心态比较好，或者说对方和你比较投合，你谈很长时间并不觉得辛苦。

可有的时候一个谈话还没开始呢，你已经累了，因为不情愿。

很多人的精力被这些额外支出占满了。

包括做家务，亲朋好友之间的应酬，凡是不心甘情愿的，做完以后极其疲劳。

为什么？额外支出太大。

一个人聪明不聪明，就在于能不能将自己的额外支出降到最低。

减去额外支出，精力就多了一块。富余出的精力可以休息，可以锻炼，还可以多做点工作。你看，我们在工作和健康两个领域就都多了一块发展空间。

二　不必要的焦虑和烦恼构成了额外支出的主要部分

要消减生活和工作中的额外支出，首先要了解哪些是额外支出。

我们的额外支出绝大部分由不必要的、多余的烦恼和焦虑构成。

从心理学上讲，任何情绪都不是完全不必要的。无论是欢喜、悲伤、恐惧、愤怒、焦虑等这些基本情绪，还是它们派生出来的各种各样的变异情绪，在一定程度上都是必要的。

悲伤完全不必要吗？必要。你失去了亲人，悲伤是对亲人的纪念。悲痛还可以转化为力量，叫化悲痛为力量。你失去了名誉地位，痛苦让你记住经验和教训。

所以，必要的悲伤是必要的。

愤怒呢？愤怒是你的目的和利益受到阻碍时产生的一种情绪。愤怒可以调动你的力量战胜对手，包括威慑你的对手。

所以，一定的愤怒是必要的。

恐惧呢？如果不知道交通事故会造成死亡，就没有安全意识。小兔子见了狐狸不恐惧，就被狐狸吃掉了。

所以，必要的恐惧是必要的。

同样，一定的焦虑也是必要的。兔子躲在窝里，对守在洞口的狐狸要有点焦虑。毫无焦虑，就要被狐狸吃掉。

所以，人的情绪在一定范围内是必要的。

然而，超出一定的限度就是不必要的。

比如，兔子躲在洞里，外边可能有狐狸，它应该有所恐惧。可是如果兔子对所有的风吹草动都十分焦虑，以至于不敢出洞觅食，饿死了，这种焦虑就是多余的。

我们所有的情绪，包括烦恼、焦虑有一条界限，在界限之内是必要的，在界限之外是多余的。

多余的焦虑经常成为我们额外支出的重要部分。

很多年轻人都是业务骨干，你们有时候的焦虑是在解决问题，有时候的焦虑纯粹在折磨自己。

比如求职，你会有一点焦虑，但这个焦虑到一定程度就可以了。你没完没了地焦虑，却没有任何行动，你的焦虑就是额外支出，不解决任何问题。

又比如，本来一件事情差不多就这样了，你还在没完没了地焦虑，你有时甚至意识到再继续焦虑是没有必要的，可是仍然在焦虑，这又是额外支出了。

工作很辛苦，但许多辛苦不纯粹由于工作，还是工作之余的填塞物。本来你的工作很简单，但工作的同时你在不停地焦虑，工作之余还在焦虑。谁善于把这个支出消灭掉，谁就能获得更多的时间和精力，获得更多的健康。

这就是我们讲的第二个问题，不必要的焦虑和烦恼构成了额外支出的主要部分。

三　减少多余的焦虑不能只靠美好的愿望

这么多额外支出每天都堆在身上，怎么消减呢？

可以告诉大家，只有愿望根本消减不了。

你给自己下一道命令：消减额外支出。

消减不了。

现在，我给朋友们出一个题目，哪一位能使自己的心脏停跳啊？

没人说能吧，心脏不听你使唤，它不听你的命令。

那么，做一件稍微容易点的事情，让自己的心脏跳得慢一点行不行啊？心脏跳得慢太多可能不行，稍微慢一点还是有点办法的。

比如，从现在开始闭目养神，再静静心打打坐，心脏是不是能稍微跳得慢一点？

你看，连心脏都不能随意听你指挥，要通过一定的方法，静心，闭目养神，才能有所调整。

再出一个题目，你能让自己立刻悲伤吗？给自己下道命令：悲伤。

不行吧，可是有没有办法呢？

比如，演员演戏时需要悲伤，但他不靠下命令。绝对不是说，我命令自己开始悲伤。不是这样。

要有一定的方法。

所以，想影响我们的情绪，减少烦恼，减少焦虑，靠命令自己做不到，靠愿望也做不到。

比如，你今天被领导训斥了一顿，心里不服气，回家后情绪也不好。你看，就因为领导说了几句让你不很舒服的话，对你有了不公正的评价，你那种烦恼支出有时候超过一天工作的劳累。朋友们相信吗？

不要说领导对你的评价不公正，有时候家人、夫妻之间、父母子女之间，如果有一句话伤了你，你会很烦恼。可是这时候你说这是额外支出，我应该想得开，给自己下个高兴的命令，能行吗？做不到。

这就是我们讲到的第三个问题，想减少多余的焦虑，多余的烦恼，只靠命令自己，只靠一个美好的愿望，是做不到的。

四 减少额外支出的方法

这样，我们就讲到心理学对这个问题的回答，也是人生经验对此的回答。

当我们看到自己有额外支出——多余的烦恼、多余的焦虑、多余的精神消耗的时候，要靠四个方法来解决。

比如，你现在工作中有很多烦恼、焦虑，包括人际关系的很多不愉快，应该如何把它们减少到不伤害自己或者尽可能少伤害自己的程度？

第一个方法：听之任之，顺其自然。

就好像你上班的路上堵车了，当你不能改变这个局面的时候，最好的方法是听之任之，不要着急。

到了一个地方，环境噪声很大，空气污染，空间狭窄，你感觉不舒服。这时候只有两种可能，要不改变环境，要不离开这儿。当你不能改变环境的时候，首先要听之任之。如果你一味地埋怨，结果会越埋怨越烦恼；反之，你心平气和地适应它，效果反而会好。

不要觉得这个方法简单，很多人做不到。

很多人在该听之任之的时候不能听之任之，徒劳地消耗，徒劳地支出。

又比如，你明明要向对方表达一个意思，或者是求职，或者是求爱，或者是和对方沟通，或者是谈项目，你呢，心理上有障碍，张不开嘴，讲得不到位，这时候你有点沮丧。

一般来讲，这种沮丧情绪停留一会儿，自然就消失了。

可是，如果你在沮丧之外又埋怨自己：我怎么就这么沮丧呢？我怎么这么没出息呢？对沮丧横加责备，你就可能产生新的烦恼。

在新的烦恼产生之后，你又会想，值得这么烦吗？太缺乏把握自己的能力了。对由沮丧而生的烦恼再加指责，又成了新的烦恼。

这样，把原来的沮丧夸大了。

所以，对自己的某些焦虑、烦恼，包括人生中遇到的痛苦——大家知道，每个人都会遇到痛苦，人不会没有痛苦，没有烦恼。大家求职、发展、恋爱、社交，人生总有不顺心的事情，烦恼常常如影随形——要善于采取从容的态度。

这时候顺其自然，听之任之，是我们应该采取的第一个有效方法。

第二个方法：改变认知。

那么，第二种方法是什么？

比如，你在单位和同事没处好，伤了和气，你很烦恼，或者在家里和家人吵架很烦恼，或者工作中有很多焦虑，这时候用什么方法来解决问题？

改变认知。

举个例子，夏天炎热，有很多桑拿天。这时最笨的方法是什么？哎呀，这个天气真闷、真热、真难受。他这样想的时候，就会更热、更难受。

那么，正确的方法是什么呢？顺其自然，听之任之是一种，反正我也改变不了天气，热就热呗。这样一想，心理支出就少了。

除顺其自然、听之任之以外，有没有更积极的态度呢？

你可以这样想，我平常工作特别紧张，想做桑拿也没有时间。正好，这种室外的大自然桑拿到哪儿去找？和朋友聊着天散着步就桑拿了。男男女女看着花看着草，聊着天就桑拿了。出汗是排毒的，对健康有好处。这样一想，桑拿天就不折磨你了。

结果是什么呢？少了额外支出，少了疲劳。

同样的桑拿天里走同样的路，认知改变了，额外支出就少了。

再比如，一个年轻人到了新单位上班不久，他说，我那个单位不好，人际关系特复杂。我问：能不能跳槽换个地方？他说：不行，这是我目前能找到的最好的工作，可是这儿人际关系太烦人了，主要就累在这儿了。

我说：根据我的了解，你属于思维比较简单化的，人际关系这个坎儿你还没有过，这堂课你没能补上。那么，现在有一个人际关系复杂的环境，正好锻炼这个能力，机不可失，时不再来，从现在起，你就把这个环境当作锻炼自己处理人际关系的课堂，在这里获得的经验对你一生都有用，何乐而不为？

他这么一想，明白自己如果在一个人际关系比较简单的环境里，这个问题终生不能解决，今后肯定会遇到更多的困扰，更大的难题。

那次谈话以后他不再苦恼了，还发现处理人际关系多体会、多总结，是件很有趣味的事情。

你看，他在此之前为这件事每天烦恼，很累，工作也受影响，茶饭无心，改变一下认知，额外支出消失了。

我们生活中也会有很多额外支出，都要通过改变认知，即改变对事物的认识来减少额外支出。

改变认知是我们采取的第二种方法。

第三个方法：正确的行为。

减少多余的焦虑、减少精神损耗的第三个方法是什么呢？

是采取正确的行为。

举个例子，夫妻俩难免闹矛盾，有时会吵得很厉害。这时如果两个人都赌气坐在屋里，半天情绪过不去。

如果用前面讲的第一个方法，听之任之吧，可能烦恼很长时间都过不去。那么，用第二个方法，改变认知，说对方跟我吵架，正是我锻炼涵养的好机会，做不到。这种时候谈改变认知会显得软弱无力，因为你正被一种强烈的愤怒情绪控制着。

要有行为。

拉开门出去走走，下楼了，把对方晾家里。

刚出去时不是虎着脸吗？见到保安，见到邻居，人家问你干吗呢，看你脸色不太好？你说，噢，没什么。你得装样子，不能说和爱人吵架了。这样，你在打招呼的过程中，在不断的应酬中，在不得不装作很有涵养的过程中，就真的很有涵养了，气也就一点点消了。

朋友们有些人是结了婚的，还有些是谈着恋爱的，你们在火头上的时候，要采取这种行为的方法，等你遛完一圈冷静下来之后，发现刚才的争吵完全没必要。你回家了，说不定还会哄哄对方。

是什么改变了你的情绪呢？

是行为。如果你不采取行为，一直陷在那个情绪里，对你杀伤太大。

行为的方法非常有用。比如说，你今天工作时情绪特别焦虑，这时候，听之任之不行，改变认知还不行，就要用行为的方法。出去跑跑步，打打网球，找朋友聊聊天，中断你的焦虑情绪。

要善于行为，而且当机立断，绝不让自己过度地支出与消耗。

第四个方法：放松的技术。

大家都知道，运动员赛前往往非常紧张，教练要在心理医生的配合下采取一些放松的技术，让运动员尽可能放松下来。古今中外的放松技术很多，以后若有机会，我会专门讲讲。

前面讲了，许多多余的额外支出，是由焦虑和烦恼构成的。

去除这些烦恼和焦虑，是不能够用命令和愿望解决的。

由此，我们讲了四种方法：一是听之任之，顺其自然；二是改变认知；三是正确行为；四是放松的技术。用这四个方法来解决各种各样的额外支出、多余的焦虑。

下篇　关于十二种额外支出

现代人的额外支出主要有十二个方面。

其中包括四种普遍倾向、四个多余消耗以及四种综合征。

一　焦虑加焦虑，现代人的普遍误区

第一个额外支出，焦虑加焦虑。这是非常普遍的误区。

工作有压力，身体很疲劳，处境不理想，很容易产生焦虑。每个人都喜欢轻松愉快的工作，不甘心受焦虑和烦恼的困扰。

注意，任何不甘心既是解决问题的前提，也是徒增烦恼的通道。

因为不甘心焦虑，又找不到办法排解，又增加了一种焦虑，叫焦虑的焦虑。

比如，你睡不着觉很难受，可是心里总在想，我为什么睡不着，我如果睡不着，明天怎么有精力工作？结果会更难受。这是恶性循环。

有人说，感觉自己状态特别不好，疲劳，焦虑，每天忙得不得了，怎么才能摆脱这种境况？

一个现状，当你对它不满的时候，就有了改变的动力。

可是，如果找不到正确的方法，比如感觉房间太热，可以开空调。这就是正确的方法。没有空调怎么办？这时候对温度的不满就转化为新的焦虑。

所以，焦虑上加焦虑，烦恼上加烦恼，是一种普遍的误区。

我们希望人生发展，希望工作做得好，希望快一点进步，希望摆脱不理想的处境，又找不到正确方法时，就是焦虑上加焦虑，烦恼上加烦恼。

这是重大的误区。

有的人明明已经很疲劳了，身体也不好，这是一种苦恼。可是他又有新的苦恼，就是总想让自己不累，想让身体更好，定了无数计划，都不大奏效。新的烦恼又加上去了。

这个额外支出杀伤力很大。

这种时候首先要明白，焦虑上加焦虑没有用，烦恼上加烦恼没有用。

要么找到方法，要么就尽可能听之任之。

千万不要烦上加烦。

二　工作与健康的内心冲突，现代人普遍的内心冲突

第二个方面，工作与健康的内心冲突。这是现代人非常普遍的冲突。

朋友们现在还很年轻，有些人已经觉得体力不行了。有些男孩儿下班以后，女友说一起出去玩玩儿吧，他都没有多余的精力陪伴，没有心思。

当感觉自己精力不够的时候会多苦恼啊！

这时候，健康和工作的冲突不断发生。

减工作吧，不可行。牺牲健康接着拼命吧，又不甘心。

仅仅这个冲突，走不出来就每天在杀伤我们。

希望朋友们在交流的过程中自我问答一下，你有没有健康和工作的冲突？感受强烈不强烈？强烈到什么程度？

有的人上班时经常在犹豫，今天是锻炼一会儿少干一点呢，还是不锻炼多干一点？身体不舒服了，干还是不干？

记住，所有对现状的不满，不是解决问题，就是杀伤自己。

三　因疑病恐惧而忧心忡忡，现代人普遍的忧心

第三个方面，因为疑病恐惧而忧心忡忡，这是现代人非常普遍的忧心。

有个年轻人对我说，他工作很累，有段时间胃痛，就怀疑胃有毛病。过段时间胃正常了，腰又痛了，就怀疑腰有毛病，肾有毛病。腰痛还没好，头又痛了，就怀疑脑袋出了问题。这是疑病。

人在压力下各种疑病都会出现的。情况往往是这样的：工作压力大，最初的身体不适大多只是疑病，是一种精神防御机制。一旦给自

己减压之后，不舒服的感觉消失了，也不怀疑自己生病了。

这种忧心一方面在提醒我们注意身体，另一方面也在杀伤我们。

对那位疑病的年轻人，我给他解决三个问题。

第一点，关于焦虑的焦虑。

我说，你工作累压力大，因此很焦虑，你又产生了急于改变这种焦虑的焦虑，这就没有必要。在找不到正确的方法前只能焦虑着，找到了正确的方法自然就没有再焦虑的必要了。

第二点，关于健康和工作的冲突。

我给他一句话，如果工作和健康有冲突，就要从减少额外支出上下功夫。

我帮他具体分析了哪些是可以减掉的额外支出。

第三点，关于疑病。

我说，你怀疑自己有肿瘤，检查过吗？他还真去医院检查了，没查出什么问题，可是他不太相信检查结果。我告诉他，没有病却怀疑自己有病，这叫疑病。

疑病严重到一定程度就是疑病症了。有些三四十岁、四五十岁的人生活压力大，一天到晚跑医院，检查结果阴性，不相信再去检查，反复检查，就是不相信自己没病。

这是压力所致。

所以，当我们感觉身体有轻度不适的时候，要及时减少额外支出，这样做的结果是症状消失了，也不再疑病了。

疑病也是很杀伤人的，工作压力大的人容易这样。

四 没有充分兴趣的被迫工作，现代人普遍的难受

第四个方面，对工作缺乏足够的兴趣，这是现代人非常普遍的难受。

很多年轻人有这种情况，并不热爱自己的工作，可是为了生存，为了在社会上有立足之地，又不得不做下去。

人的兴趣有两种，一种叫作手段的兴趣。我对这份工作虽然没兴趣，但是我对挣钱有兴趣。我之所以做这份工作，是因为这份工作会提高别人对我的评价。这时工作是手段。

还有一种是目的的兴趣。我很喜欢这份工作，虽然挣钱不多，可是干得挺有兴致，吃苦受累也不怕。这时工作是兴趣。

手段的兴趣和目的的兴趣之间是可以过渡的。

比如，你不喜欢喝矿泉水，爱喝碳酸饮料，但是，你了解到矿泉水对身体有好处，你喝它是手段的兴趣。天长日久你喝得多了，慢慢成习惯了，觉得比碳酸饮料还好喝，这时候手段的兴趣已经变成目的的兴趣了。

工作也一样。工作可以挣钱，虽然不喜欢，但是也要做。这是手段的兴趣。做了一段时间，就有点目的的兴趣了，哎，这个工作也挺有意思。

为什么要讲这个问题呢？

当你对工作的兴趣不是百分百的时候，就有额外支出。

如何使你的工作既有手段的兴趣，又有目的的兴趣，减少额外支出，是一种智慧。

不要觉得这是说空话，如果能使自己工作中的非兴趣成分转化为兴趣，你就少累一点。

千万不要觉得兴趣不重要。

凡是对工作不那么感兴趣，不是百分百的兴趣，一定有额外支出。

写作也一样，写一篇有兴趣的文章我通常不费劲，因为有激情。写一篇我不感兴趣的命题作文就很累。这样的感觉人人都能体会到。

那么，你做一项工作兴趣是大是小？你做一个栏目兴趣是大是小？我们对有些领域的兴趣会比较高，对有些领域的兴趣会比较低，对有些领域基本没有兴趣。这时候要想办法把工作中非兴趣的成分变成兴趣。

本来对这个事情没有多少兴趣，可是又不得不做，为了不累着自己，就要给自己增加些兴趣。

比如，编辑教育书籍的编辑，你本来对文学有兴趣，对教育类的书不感兴趣——我常和出版社的编辑打交道，他们一天到晚看稿子，当看到一篇对路子的稿件时，心情会比较愉快；看一篇不太喜欢又不得不看的稿件时，额外支出就很大。

如果说这个工作是你无法回避的，那么，不妨改变认知，使自己尽快喜欢上这些不得不干的项目。改变认知的方法成千上万，要善于找到。

你可能还没结婚，更没有小孩儿，可是你可以这样想，我现在编辑教育书籍，增加了育儿经验，一旦将来自己有了孩子，会更好地教育他，是不是？

你编辑科技书籍，相对来说在这个领域的知识有些欠缺，也不那么喜欢，但是你通过自己的工作把它变为自己的知识了，何乐而不为呢？

不要小看这些笑话，这里包含着减少日常生活支出的真谛。

在这种状态下工作，事半功倍。

和大家讲这些一点也不是冠冕堂皇的说辞，让你热爱工作，让你做标兵，没这么多空话可讲，就是告诉你，只有这样做才能减少额外支出，你才少了疲劳，你才做得愉快。

结果会发现，你还能做得更好。

我写作的大多情况下会写我感兴趣的，有时也难免写些命题作文，这种时候我会迅速用刚才的方法使我喜欢上自己写的东西。比如，我平常喜欢写长篇，半年或更长时间写一本，不受外界干扰，但媒体有时会约我写点小文章，这既不是我的特长，也有点应景，可有时候人家的约稿你推不掉。

怎么办？

我要求自己进入一种状态，改变认知。我过去小文章写得不多，现在有了机会，正好弥补一下。我给自己不得不做的事情增加了一点意义。

认知一改变，写文章减少了疲劳，而且获得新的感觉。

做没有充分兴趣和动力的工作，是现代人一种普遍的难受。这个难受杀伤了我们，也使得我们额外支出增加。

五　关不掉的乱发烧电脑：滞后性消耗

以上讲了四个很普遍的倾向，是四个额外支出。

往下再讲四个额外支出，叫四种多余消耗。

第一种多余消耗，叫作"关不掉的乱发烧电脑"。

这是一种幽默的说法。很多在科技公司上班的年轻人下班以后永远想着班上的事情，回到家从不关电脑，一会儿上去看看，一会儿上去看看。很辛苦，很累。

这是什么呢？不是电脑关不掉，是你的大脑关不掉。

现在的年轻人只要工作紧张，难免下班关不掉你大脑里那台电脑，在那儿乱发烧。有一些人是部门负责人，栏目主编、副主编、总监、副总监，你看你人下了班，脑袋瓜却一直在班上呢，是不是这样？

如果你下了班，脑子里的焦虑和发烧对工作有意义的话，也就罢了。朋友们一定体会得到，你那个电脑开着，很多时候叫干着急，瞎使劲，乱消耗。

这种消耗叫"滞后性消耗"。

明明班上的工作完成了，下班后大脑里的这台电脑关不掉，还在那儿嗡嗡转，里面也没有太多合理程序，基本是乱码。

这种"滞后性消耗"把自己弄得很累很累。

这里我们提出一个口号：下班后坚决"跳槽"到休息，除非需要加班，你那台电脑不关。如果已经下班了，要坚决"跳槽"到休息。

做起来容易吗？

有人摇头。

下班后"跳槽"到休息，这是一个正确的认知。

我每天写作，该休息的时候绝对不再多想。不写作的时候想得太多，有时候反而写得少。

你今天回到家脑袋再瞎转的话，你就想"下班后'跳槽'到休息"，这样一想，就把脑袋瓜中断一下，经常这样想，慢慢就中断了。

还要采取别的行为。

下班前要收拾一下案头，噼里啪啦，这个动作有中断逻辑的作用。不要拖泥带水，不要在桌上摊一大片，想着明天接着干。文件该合起来的合起来，抽屉该关上的关上。另外，和同事聊几句能转移注意力的带点刺激性的休闲话题。

别小看这些小方法，小方法解决大问题。

如果关不掉那台乱发烧的电脑，就会生病，就会腰痛，就会肩背痛。你好像很敬业，下班了还在努力，结果工作做不好。

我把电脑关掉了，但第二天精力比你好，到头来我的效率更高。

所以，关不掉的电脑叫傻帽儿。我们当不当傻帽儿呢？当然不。一定要去掉这种"滞后性消耗"。

越是技术含量高、脑力劳动比重高的工作，滞后性消耗越普遍。比如，今天劳动，装车拉煤，回到家头碰着枕头就睡着了，他没有事情要考虑。但如果是个工头，就要考虑第二天带多少车，拉多少煤，用多少人，如何分配劳力，他的滞后性消耗就来了。

大脑有惯性，身体反倒没有惯性。走路累了，说停就停下了。大脑不行，大脑累了往往收不住。如果躺到床上大脑还没关上就坏了。失眠，睡不好，精力无法恢复，好像下班后还一直在努力，其实工作没有质量。

下班后关掉电脑，是一种进步啊！

当然，还可以用点放松的技术，使得自己坚决"跳槽"到休息。

六　没过中秋就剁过年的饺子馅：提前性消耗

第二种多余消耗，叫作没过中秋就剁过年的饺子馅。

再用一句比较俗的老百姓的话，我曾在山西农村插队，农村那时候很穷，河上没有修桥，得把裤子脱了蹚水过河，老百姓管有些性急的人叫"离河二十里脱裤子"。你看，是不是早了点？

这种提前支出又叫"提前性消耗"。

没过中秋就剁过年的饺子馅，离河二十里就脱裤子，这种说法太夸张。夸张是为了警醒，生活中就有人这么傻。

很多人在笑，为什么呢？都有自己的体验。

很多事根本不需要提前支出，提前支出不一定是高瞻远瞩。

有时遇事要满不在乎，不要太当回事儿。

提前支出对人的消耗很厉害。

好教练解决不好这个问题，运动员就不能出成绩。运动员明天比赛，今天就开始紧张。明天比赛今天紧张还算时间短的，下个星期比赛，这个星期就开始紧张，运动员心理支出大呀。

我们看那些台上的歌星，那个红啊，受欢迎啊，但他们很多人在上台前会紧张。在北京开演唱会，两三个星期以前就开始卖票了，他从这时候就开始紧张。越是重大的演出之前越容易感冒，很多事不敢做，不敢洗冷水澡，不敢吹冷风。就怕顶不住。

进行脑力劳动，提前支出也很厉害。

要想想自己有没有"提前性消耗"，要善于减少"提前性消耗"，过年的饺子馅现在根本不用剁。

七　事无巨细瞎操心：弥漫性消耗

第三种多余消耗，叫作事无巨细瞎操心，我称之为"弥漫性消耗"。

这对于负一点责任的朋友尤其明显。事情有大小，有主次，有轻重，有急缓。事无巨细瞎操心的人，往往很敬业，做事追求完美，事必躬亲，但额外支出也很大。

为什么叫"弥漫性消耗"呢？

我们的工作，我们人生的发展，总有几个点，不是所有的事情都需要同等操心。事无巨细瞎操心的人，对所有的事情基本上同等操心。

这一点不夸张。大事他操心，小事也操心。一旦他的操心由点弥漫成面，而且不分大小、不分巨细、不分主次的时候，这种弥漫性消耗就非常大了。

很多年轻人很能干，大家想一想，是不是经常觉得脑子里乱糟糟的，事情很多，很焦虑，不知不觉有了弥漫性支出。只要脑子里有事情就会消耗，有时候是不自觉的。

建议朋友们建立一种卡片，梳理自己的头绪。

把必须思考和做的事情按重轻急缓顺序写下来。

这里有一个要求，要尽可能写全。

比如，第一件事，明天要组织一个会议。

第二件事，改编一个栏目。

第三件事，谈一个项目。

第四件事，有一个人际关系要处理。

第五件事，有一本书要抓紧看。

第六件事，分配部下一项工作。

所有的事情都写好，然后看一下重轻急缓的顺序对不对，不对，就进行调整。比如，原来这个在第一位，但是看来第二位的事情更重要，就把第一位和第二位对调。本来第三位是这件事，再看看和后面的事情比较哪个更重要，按照轻重调整过来。

把事情确定一下，比如说十件、十五件、十八件，等等。

然后，从下往上看，最下面的事情是不是可以删掉。

一定有可以删掉的，起码最后两项可以删掉。

不是仅仅想一下，要真的用笔画掉。这个项目不必考虑，没什么意思，有人管的，不用我操心。要坚决画掉。

按顺序往上看，可干可不干的，或者说暂时可以不考虑，这些事画括弧。

比如有十项，倒数第一项、第二项删掉，倒数第三、第四、第五项，觉得现在先放一放，干不干再说，可以保留在上面，画括弧。

这样理下来，就剩下前边的几项了。

那么，前面的哪几项不但要干，而且比较重要，要画加重号，一般来说肯定是第一项、第二项了。如果第三项也很重要，也画加重号。

这样就把事情分了四等：删掉了一等，括弧为一等，再留下有加重号的为一等，没加重号的为一等。脑子里清爽多了。

这样就帮助我们从事无巨细瞎操心中走出来了。这样就指导自己不是平均分配时间。这样就把自己的精力放在几个点上，而不是弥漫在面上。这样就不仅是集中在几个点上，而且是轻重缓急有分别地集中在几个点上，这样的你才聪明。

我至今还经常用这个方法梳理事情。

要养成好习惯，把脑子里那种事无巨细瞎操心的"弥漫性消耗"廓清。不对那些已经删掉的事情瞎努劲，也不对那些括弧起来的事情提前支出。在剩下的项目中，知道加重和非加重的区别。

卡片梳理的方法，帮助我们解决"弥漫性消耗"。

八 过分的紧张和危险感：夸张性消耗

第四种多余消耗，我叫它"夸张性消耗"。

必要的紧张是必要的，不必要的紧张是夸张的。

不必要的紧张也是很耗神的。

所谓"夸张性消耗"，是指在生活中有些人总是过分地紧张，过分地感到危险。

教练员赛前只有让运动员摆脱不必要的紧张，运动员才能发挥好，取得好成绩。但运动员一点不紧张也不行，明天就要比赛了，他今天还没事人似的，举重运动员明天比赛了，今天大吃大喝，根本不考虑体重是否超重。这肯定不行。

一定的危机感也是需要的，比如工作中有竞争，自己要有危机感，和客户合作也有争夺。必须保持一定的危机感。

如果把这种紧张感、不安全感、危机感夸大了，就是"夸张性消耗"。

请大家注意联想自己，有没有这种消耗？

如果有，一定要改变认知，采取行为消除它。

九　人际关系烦恼综合征

我们刚才讲了四个普遍倾向，讲了四种多余消耗，下面再讲四种"综合征"。

第一种，我管它叫"人际关系烦恼综合征"。

有些朋友处处觉得人事关系不顺，生活中的许多烦恼受困于人际关系。

一般来说，年轻人谈处境，谈生存，谈压力，第一位肯定是工作，和工作紧密联系的就是人际关系。人际关系有和上级的关系，和同事的关系，和下级的关系，和客户的关系，还有和朋友的关系。有的人善于处理人际关系，有的人不善于处理人际关系。当人际关系处理不好的时候，会产生烦恼。

如果你在生活中比较多地受困于人际关系，你要警惕了。

你的累，你的人生事业发展不够理想，你的身体有某种不适，工作中的某种不如意，都和人际关系处理不顺有关系。它在困扰你，在分你的心，让你经常在心里别扭。

这种别扭往往比干活儿还累。

从人际关系烦恼综合征中拔身出来非常重要。

十　愿望迫害综合征

第二种综合征杀伤面积更大，叫"愿望迫害综合征"。

我们经常可以感受到愿望和目的与现实可能的矛盾。这种矛盾很激烈，很痛苦。

你想做得更好，现实条件不允许；你想做得更好，可是你累，身体不允许；你想做得更好，你的人际关系总是不顺。

愿望和现实处在矛盾之中。

这种矛盾是本质的，对人的杀伤可以说基本没有人能够幸免。除非出家到庙里，还得修行得好，一般出家人还不行。我有时候去庙里，见一些和尚的表情也挺俗气，拿着手机快步如飞联络信众，销售香火，有的还拿回扣，这样的和尚私心杂念也挺多。

所以，愿望与现实的矛盾很难避免。当矛盾大到一定程度就会折磨我们，消耗我们。

比如有的作家对自己的作品预期特别高，出版后反响平平；有的导演拍一部电影，拍摄过程满怀希望，可放映后观众并不买账。那么，作为作家，作为导演，他肯定是非常难受的。

扩展到更广大的人群，愿望和现实的冲突是普遍的，谁都不会绝对避免。

通常来说，愿望肯定要比可能性高一点。如果愿望比可能性低，就什么都不需要做，躺在那儿休息就是了。

然而，如果愿望和可能性的差距太大，就会陷入愿望迫害综合征。

要具体分析，哪些愿望适合自己，哪些愿望不适合自己，哪些愿望要调整。

有些时候坚持愿望，为强者，为智者。为什么？这个愿望是应该坚持的，再坚持一下就成功了。这时候放弃愿望是错误的。

可是，有的愿望并不现实，无谓地消耗了精力，放弃不是使你少得到了，而是使你少消耗了。少消耗的结果，使得你通过同样的努力得到更大的成果。

有时我和一些朋友讲调整愿望，有人觉得不中听，因为人都舍不得放弃愿望，愿望显得很积极，很光明。然而，当愿望超出了现实的可能性而杀伤你的时候，会使你原来可能达到的目标都达不到。

避免愿望迫害综合征是减少额外支出的一个重大问题。

即使有很高悟性的人也要经常检点这一点。

如果你从今天开始能够调整愿望，有的比过去还坚持，有的自觉地消减，有的放弃，结果呢，你比过去工作更好了，身体更健康了，事业更成功了，这叫作愿望合理。

一定要清醒，要把持住自己，要善于当自己的老师。

并不是只要求你放弃，而是放弃该放弃的，坚持该坚持的。

有些地方消减了，有些地方还可以增加。

关键是愿望和现实的冲突要在一个合理的限度之内。

当愿望和现实的冲突程度能够激发你创造，保持好的状态，有利于身心健康的时候，这种冲突是合理的。

当这种冲突让你苦恼，让你走不出困境，它就是不合理的。

希望朋友们能够从现在开始，有所反思。

我也是从年轻的时候一步步走过来的，我非常理解年轻的朋友们。

一个创造者会不会有愿望？肯定会有。

调整自己的愿望，是实现自己应该实现的愿望的一个必要途径。

一些年轻朋友咨询我的时候，发现他们之所以人生有误区，不能够做得更好，原因之一是愿望不合理，结果反而什么愿望也没能实现。

我们在愿望方面要做得更智慧。

十一 选择冲突综合征

第三种综合征，叫作"选择冲突综合征"。

对它的评价是一句话，叫左右为难没个了。

每个人的人生都会面临一些选择的冲突，如果左右为难踌躇不决特别过分的话，就非常消耗精力。

这种左右为难没个了的"选择冲突综合征"，不像愿望迫害那么普遍，但也为数不少。即使那些平常不受综合征困扰的人在选择的时候往往也会难受。

有个非常生动的例子，一头驴子准备吃草，左边一堆草，右边一堆草，驴子不知道该先吃左边的还是先吃右边的，它左右犹豫，想去吃左边的又想着右边的，想先吃右边的又看着左边的，结果呢，这头驴饿死了。

这是讲给小孩子听的寓言，看来很幼稚，但这种错误我们大人也经常犯。

为什么？生活中总有两种相互冲突的可能性摆在我们面前。

干工作，干这个好还是干那个好？谈恋爱，和他谈还是和他谈？有些朋友笑了，是这样的，你肯定得选择呀。只有一个选择对象就好办，他看上我了，我也看上他了，问题比较简单，但生活中常常不是这样。两个人同时看上你了，你呢，觉得两个人都不错，各有优点，这就有麻烦了。就好像有两个工作机会，各有利弊，你去哪儿？

如果你只是一般地左右为难一阵，经过权衡选择了，那么很妥当。

如果长时间抉择不下，以致丧失了机会，那么，你的思维方式就有点问题。

这种问题说得好听点，与完美主义和理想主义的思维方式有关。完美主义和理想主义这两个词挺好听的，但是，朋友们要注意，完美主义经常是一种病。

因为天下所有自然的事物都不可能是完美的，月有阴晴圆缺嘛！

如果一定要完美，怎么办呢？你看，这个人条件不错，性格开朗，和他在一起很快活；那个人能挣钱，能买房买车。当你追求绝对完美的时候，你就陷入僵局。

很多优秀的年轻人有完美主义倾向，这时候就要讲讲围棋。生活和工作就像下围棋一样，任何棋子一落下来都有利弊。你可以在这儿落子，也可以在那儿落子，这儿有这儿的利与弊，那儿有那儿的利与弊，有百利而无一弊的事情是不存在的。如果绝对地追求完美，什么棋子也落不下去，就像那头饿死的驴一样，左边草也不吃，右边草也不吃。

不要笑话这个比喻，这种比喻经常变为残酷的现实在杀伤你。

你要求完美，你事事选择，左右为难。选择一个工作，那边单位离家近，这边单位人际关系好。痛苦的原因说好听是完美主义，说得不好听叫贪心不足。

在许多人的思维方式中，贪心不足绝不是特别罕见的毛病，甚至可以绝对地说，这是人人都会犯的毛病，只有犯多犯少犯得严重犯得轻微之差别。

这种贪心不足或者说绝对追求完美，就酿成了左右为难没个了的选择冲突综合征。它在严重的时候成为一种行为障碍、心理障碍。在不太严重的时候，成为一种内耗，结果你反而干得少，成功得也少。

这是人生的实际问题。只要你想发展，想努力，不想当一个闲着没事干的人，都面临着这个问题。处理好了，这是一种聪明，是一种智慧，是一种悟性。只有思路正确才能走出来，要不一个地方就能把你卡住。

那种逆顺相争，一个事情两种想法老在那儿冲突，消耗特别大。

那么，和逆顺相争、左右为难没个了相对应的思维方式是什么样的？就是灵感思维、顺其自然的创造状态。

在选择面前，应该有各种考虑，但决定又是非常迅速的。一个比较天才的人，他会把那些最难的事情变得最容易。

什么是最难的事情呢？

就是你遇到很多左右为难的选择。谈对象，两个人都不错，到底和哪个谈很难下决心。考大学填志愿，到底填哪个专业很为难，一旦选择错了，人生就是另一个结果。商业谈判，到底和甲谈还是和乙谈。和甲谈，可能生意就成了；和乙谈，可能生意就败了。作家写作，到底写什么题材？写这个可能就是伟大作品，写那个可能就什么也不是。

很多重大的抉择对于一个人，对于一个统帅，对于一个公司、一个集团，对于一个国家往往特别费神，都要受选择冲突综合征的折磨。

要善于把最难的事情变成最简单的事情。许多事情并不难于如何做，而是难在怎样选择。正确的选择之后，那些最难的地方往往显得最简单，甚至很单纯。

一定不要受左右为难没个了的折磨，也不要受选择冲突综合征的折磨，要使自己的思想逐步变得灵动活泼。

当你对事物有了达观的认识时，你会慢慢体会到选择的快乐，体会到选择的智慧。

越想占得多，贪心越大，越做不好事情。

人生的选择、工作的选择和生活的选择一样，一定要把最难的事情变成最简单、最容易的事情，不要向那头可怜的驴子学习。

天下事物有大局。比如，你眼前有两个杯子，这个这方面好，那个那方面好，越看越抉择不下。也可能换一个观察角度，一下就看清楚了。

思想境界要放松一些，要超脱一些，不要受综合征的影响。

十二　自尊过敏综合征

第四种综合征，叫"自尊过敏综合征"。

就是脸上常常挂不住，自尊心极其过敏。

我们已经知道，天下所有的事物在必要的限度内是合理的。你说一个人完全没有自尊心，对任何事物都不敏感，把他说得万般不是，他都没有感觉，还我行我素。这样的人不敢和他交往。

所以，别人轻视你，负面评判你，自尊心受到伤害，这种敏感是必要的。

自尊过敏综合征是指不必要的敏感，这不是个理论问题，是实际问题。

人和人不一样。有的人是过敏型，有的人是迟钝型。凡是受自尊过敏综合征折磨、控制、俘虏的人，他在这方面额外支出太多。

敏感虽然有不错的一面，你可能比迟钝的人早意识到问题，但是，我告诉你，稍微过敏一点好吗，别两点行不行？过敏两点三点，或者变成三大片五大片，就杀伤你了。

从心理学上讲，自尊过敏综合征其实是受自卑情绪影响。

举个例子，比如一个人在别的方面不太擅长，他工作不好，学历也不高，相貌不漂亮，怎么办呢？他就穿得好一点，以此获得尊重。由于他对着装特别敏感，如果对他的着装作负面评价，他受不了，他会反应特别强烈。

为什么呢？因为他比较自卑。

反过来，一个人各方面条件都不错，甚至优越感很强，你说他穿得不好看，他觉得没什么，他在这方面不敏感。

为什么呢？恰恰因为他不自卑，所以自尊心不过敏。

自尊和自卑是对应的。

自尊心过敏，就因为自卑情绪强烈。真正的成功者往往穿着随便，举止平常。因为他不那么自卑。比尔·盖茨就不一定靠一身名牌装点自己，拿派头的往往是伪成功者，在餐厅吃饭要点很多菜，一定得剩很多，而且不打包，在外人面前显得财大气粗。

自卑不是坏东西。一个人没有自卑，不会有发展。

明白这个有好处。

有位心理学家叫阿德勒，他的个性心理学强调，自卑是人类发展的重要因素，它导致人有所作为，导致人成功。一个人完全没有自卑，就不会奋发图强。

比如，一个人从小比较穷困，在农村长大，到城市上大学以后发现周围人都比自己富有，这样的人往往更努力。我学习比你好，工作比你敬业，结果人生比你还成功。

当一个人战胜自卑的时候，自卑就成为成功的动力。

不战胜自卑，自暴自弃，人生就会失败。自卑就有这么大的力量。

一般来说，完全没有自卑情绪的人非常少。从小生活条件特别优越，周围人都哄着他，上小学已经是豪车接送了，大学毕业能住最好的房子，这样的人可能不自卑，但他往往缺少动力，人生很难有所成就。

自卑也可能带来自暴自弃。觉得自己什么都不行，没有好的背景，没有好的家庭，相貌不出众，也没有多少钱，很苦恼，颓废，干脆就走下坡路。

自卑在我们日常生活中有很多转化。不能找到积极的转化，不能战胜造成自卑的条件使自己成功，从而获得补偿，就成为自尊过敏综合征。

这种综合征表现在每个人身上不一定都那么典型，但不同程度的自尊过敏综合征在每个人身上都存在。

要逐步消除它，因为它使你累，使你过度烦恼。

别人斜着看你一眼，你很受伤。你和异性交往，对方热情不高，你觉得自己缺少魅力。在一群人中，有的人非常出众，你却默默无闻，于是自尊心受挫。你可能昂起高傲的头转身走了，其实内心很受伤。

我见过很多这样的年轻人，男孩儿女孩儿都有，我常常劝告他们，自尊心不必这么过敏，这样伤害自己成本太高，大可不必看人家的脸色过日子。

因为自卑是在别人的评价中起作用，自尊过敏综合征也是在别人的评价中才暴露。适当地对外界评价忽视一点，淡泊一点，有好处。

这不是骗自己，是解脱自己。少一点这方面的支出，多一点好的心态，就有可能捕捉更多的机会，做更多的创造，结果呢，你会慢慢改变自己的命运。

所以，对于任何人，哪怕看来是比较成功的人，也要警惕这种自尊过敏综合征的迫害。有些人看来心理素质很好，别人说个什么很能承受得住，但是，他可能会在某个时期着了魔似的，突然在一个问题上爆发自尊过敏综合征。

这一点朋友们都会有体验，叫"人所具有的我都具有"。

有的人可能说他穿得不好，他不在乎；说他长得差点，他不在乎。因为什么？他在这方面不过敏。可是你说他人品不好，他就很过敏了。即使只是随意一说，但他反应强烈，甚至到了玩命的程度。

每个人都有自己的敏感之处。

要研究过敏的合理性和非合理性。

不要让自尊过敏综合征折磨自己。

小结

这样，我们讲了现代人十二种非常普遍的额外支出。

回顾一下。

先是四种普遍的倾向：

第一个，焦虑加焦虑，是现代人"非常普遍的误区"。

第二个，工作与健康的内心冲突，是现代人"非常普遍的内心冲突"。

第三个，由疑病和生病恐惧产生的忧心忡忡，是现代人"非常普遍的忧心"。

第四个，没有充分兴趣的被迫工作，是现代人"非常普遍的难受"。

而后是四个多余消耗：

一、关不掉的乱发烧电脑，这是"滞后性消耗"。

二、没过中秋就剁过年的饺子馅，这是"提前性消耗"。

三、事无巨细瞎操心，这是"弥漫性消耗"。

四、过分的紧张和危机感，这是"夸张性消耗"。

最后是四种综合征：

第一种，"人际关系烦恼综合征"。受这种综合征控制的人经常是人事关系处理不顺。

第二种，"愿望迫害综合征"。古今中外，几乎人人不能避免。

第三种，"选择冲突综合征"，左右为难没个了。

第四种，"自尊过敏综合征"。如何在生活中比较达观，在人际关系上比较达观，这里有许多心理和行为的艺术。

祝朋友们成功、健康、快乐！

- 初查忙累账
- 学会断舍离
- 职场不焦虑
- 禅定工作法

扫码查看

附录二　处理人际关系十大金法则

人的生存压力除了工作，很重要的是人际关系。

人际关系如何，常常决定一个人的状态。

很多人的烦恼、焦虑也在人际关系。和上级的关系大概最要紧。和同级的关系也常常很棘手。如果你大小是个头目，和下级的关系又常常会让你烦恼。至于和客户、和合作伙伴的关系，几乎是营销人员头脑中每天萦绕的事情，这其中有时还夹杂着异性间的相互纠缠。离开了工作，恋爱、交友、业余活动也都少不了人际关系。

人际关系常常成为工作与生活中压力的一部分。

不善于解决这个问题，可能陷入困境。

许多人在遇到人际关系问题时，要不就被难住吓住，整天埋怨工作环境不好；要不就想琢磨点手段，有些人会想得非常琐碎甚至低下。各种现代版的所谓"观人术""处人术"也都粉墨登场混淆视听，结果问题没解决，反倒污染了思想。或者似乎暂时把事情搞定了，久之反而关系更加恶化。或者此处的脓包挤了，彼处长出更大的脓包。

随之而来的是自己的状态也越来越差，而且不知缘由。

那么，如何处理人际关系呢？

如何让人际关系不破坏工作和生活状态，甚至有益于我们的工作和生活呢？

我们的大智慧在哪里？

具体讲，是十大法则：

一、换位思考，善解人意。

这是处理人际关系的第一法则。

人都习惯从自己的角度观察问题，自己的利益，自己的愿望，自己的情绪，自己的一厢情愿，从上述角度观察事物，常常很难了解他人。公说公有理、婆说婆有理的现象比比皆是。

一切双边的、多边的人际关系冲突几乎都是这样。

只要站在客观的立场就会发现，冲突的双方常常完全不理解对方。

那么，想处理好自己和他人的双边关系，最大的飞跃就是改变从我出发的单向观察与思维，要善于从对方的角度观察事物。

在此基础上，善解他人之意。

如此处理双边关系，就有了更多的合理方法。

不会换位思考、善解人意，就没有别开生面的新人际关系。

二、己所不欲，勿施于人。

这个原则是对由彼观彼、善解人意的首要注释。是处理人际关系必须遵循的金科玉律。

这是真正的平等待人，是古往今来都适用的民主精神。

不懂得这一点，才会有那么多的一厢情愿，才会有那么多的无理待人。己所不欲，勿施于人，无论是对同事、对部下、对朋友、对合作伙伴、对恋人，都该遵循。

不懂得这一点，往一般了说，很难成就自己；往高了说，很难成为伟大人物。

每个人都可能伟大。

谁能融会贯通地实施己所不欲而勿施于人，就可能造就自己的成功与伟大。

三、不求取免费的午餐。

这个世界原本没有免费的午餐。

不懂得这一点，与不懂得"己所不欲，勿施于人"这一条相关。

人们并不愿意给不相干的人提供免费午餐，然而，事情反过来针对自己时，往往就不明白这个道理了。别人有成就了，我应该分享；别人有钱了，我应该沾点光；别人有名声有地位，似乎都该瓜分。殊不知无功受禄、不劳而获，古往今来都令人厌恶。

心中生出求取免费午餐的念头，常令人生萎缩、心灵低劣，没有出息。

有的人即使没有索取免费午餐的行为，但同样的心理活动连绵不断。各种各样的嫉羡和天上掉馅饼的白日梦充斥大脑，与之相关的诸多不平衡与恶毒的攻击性更使他备受折磨。

放下索取免费午餐之心，就多了清净和坦然，也多了自信与奋进之心。

四、己所欲而推及于人。

懂得了己所不欲勿施于人，进一步就该懂得己所欲而推及于人。

自己不喜欢的事情，不强加给他人。

自己渴望的事情，要想到他人也可能渴望。

做到了这一条，人生状态就相当高级了。

当你渴望安全感时，就要理解他人对安全感的需要，甚至帮助他人实现安全感。你渴望被理解、被关切和爱，就要知道如何力所能及地给予他人理解、关切和爱。

给予他人理解与关切，会在高水平上调整、融洽彼此的关系，也能很好地调整自己的状态——好状态既来自对方的回报，也是自己"给予"的结果。

善待别人，同时就善待了自己。

朋友们不妨将最希望从他人那里得到的态度一条条写下来，扪心自问，而后便会想到别人同样有这些希望。

在这些条款上对他人慷慨大方，是处理人际关系的正确态度。

五、永远不忘欣赏他人。

这条原则是对己所欲而推及于人的首要注释。

每个人都希望得到理解与欣赏，得到欣赏是一个人在这个世界生活与奋斗的很大动力。小时候，父母的欣赏会使孩子积极兴奋地上进发展，老师的欣赏会使学生废寝忘食地努力学习。成年了，社会的欣赏是一个人工作的最大动力之一。

善于欣赏他人，就是给予他人的最大善意，也是最成熟的人格。

每个人都既坚强又软弱。在渴望欣赏这一点上，很天才的人其实都很软弱。

如果得到的欣赏太稀缺，天才也会枯萎。

六、诚信待人。

诚信被人们谈了又谈，这里绝非人云亦云。因为我们理解，善待别人就是善待自己，因此，诚信待人不仅为了在别人那里造成一种印象，也不仅为了塑造自己的美德与品牌。这种质朴自然由真心流露的诚信，本身就是生活的需求。

在诚信待人的状态中，我们找到使安详和思维流淌通畅的方法。

诚信待人，诚信做事，可以使我们理直气壮，正气凛然，心胸开阔，心无挂碍。

诚信不仅是一种待人的态度，而且本身就是生活的质量。

诚信不是生活的手段，而是生活的目的。

一个人能够诚信地生活，是因为他有智慧、有状态、有条件。

即使从世俗的角度来看，诚信也常常造就杰出的成功。

七、和气宽仁。

古人讲和气生财。不仅在商业活动中，而且在方方面面，和气的性格都是成功的要素。

两个货摊卖同样的东西，一个摊主拉长着脸，一个摊主一脸和气，后者的生意肯定要好做得多。仅从经济学角度讲，买一份货，外搭一份和气，要远比买一份货，还得看一张长脸合算得多。这么一看，和气也是含金的。和气也是商品。

和气待人与和气待己是一回事。

和气待人，必然宽容。

当我们和气宽仁地对待所有人时，就相当于完整地、和气宽仁地对待整个世界了。

这个道理对朋友们自然毋庸多言。

重要的不是停留在道理上，而要在实践中体验。

如果你原本待人不和气、不宽仁，不要紧，不需要强扭硬拽。只要一点点做起来，就好像做一种精神操，你会在每一次对他人的和气、宽仁中体会心态的放松和开阔。

于是，你会进一步和气、宽仁。

一个良性循环就渐渐改变了你。

八、不靠言语取悦于人，而靠行动取信于人。

在处理人际关系时，有些人喜欢急功近利，追求短期效应，恨不能讨好一切人，处理好一切关系，这是拙劣低下的表现。

说其拙劣低下，是因为它很虚假。

这个世界上人和人的聪明不差多少，短期效应的手法有可能奏效一时，但难以维持长久。按照正确的原则处理人际关系，是内心的自然流露，是我们长期的准则。

相信别人总会理解和信任自己。

即使有不理解、不信任也无所谓。

这就是永远不怕半夜鬼敲门的境界。

九、要雪中送炭，不要锦上添花。

当别人需要帮助时，你要尽力帮助。

当别人顺风扬帆时，不必随大流凑热闹。

这是由彼观彼、善解人意的自然行为逻辑，是诚信待人的自然表现。

十、以德报德，以直报怨。

在生活中，人有恩德于你，人因伤害过你而有冤仇于你，应该如何对待这些德和怨？

以德报德，该是没有疑义的。

别人帮助了我，我自然要回报人家。

对于怨呢？

一种方式是"以怨报怨"。别人伤害了我，我要同等报复他。

还有一种态度是"以德报怨"。别人伤害了我，我反过来还要给他笑脸和各种利益关照。

这两种态度摆在面前，你取哪一种？

你可能会先在理性上删去以怨报怨。

那么，"以德报怨"是不是很好的态度呢？

当你抉择不下时，就可以看看古代圣人孔子是如何回答了。

《论语》中有这样一段：或曰："以德报怨，何如？"子曰："何以报德？以直报怨，以德报德。"这就是孔子的回答。

有人问：以德报怨怎么样？孔子说：如果以德报怨，那你拿什么来报德呢？所以，孔子的结论是，"以直报怨，以德报德"。

当别人有恩德于我时，自然要回报恩德。

当别人伤害、侵犯了我，不以怨报怨，不然就降低了自己的水平，与别人的错误做法对等混战；也不以德报怨，否则使得这个世界没有是非，甚至可能助长罪恶。

以直报怨，就是用正直的态度来对待怨恨。

以直报怨，这里包含着道义的谴责，包含着不降低自己水准与对方混战的尊严，包含着既正义凛然又克制的沉默，还包含着一如既往、诚信待人的基本信条。

处理人际关系的"态度体系"就这样完备地建立了。

朋友们在实际生活中一定能体会到这种态度体系的作用。

附录三　禅与现代生活

生活就是禅

一切境界体验都难于言传，所以，他人难以重复。

一切境界体验都是瞬间的永恒，所以，自己也不能重复。

对大境界的体验，真正的动因来自对痛苦的感受，来自由此而生的超脱世俗的力量。

禅的一切言语行为都是即时的、直觉的、不可重复的、随着灵感迸发的、突如其来的、脱口而出的、随手而做的。所以，一切禅机妙语都是创新的、非模仿的。只要是模仿的、逻辑推理的、千篇一律的，都是非禅的。

禅是活的。

生活就是禅。

喝茶与禅悟

许多人都喝过茶，但每个人对茶味的体会是不同的。

比如花茶。有人说，花茶主要是花味。有人说，花茶有茉莉花的香味。有人说，茶水有一股苦味。还有一种最聪明的说法，花茶就是花茶的味。

茶是什么味，还可以有许多种说法。首先，放在鼻子下面闻一闻，有人说是清香味。那么，品第一口时又是什么味？以后又有什么味？喝第一杯茶是什么味？第二杯、第三杯又是什么味？南方人喝是什么味？北方人喝是什么味？高兴时喝什么味？抑郁时喝什么味？小孩喝什么味？老人喝什么味？用雪水泡什么味？用雨水泡什么味？休闲时喝什么味？干渴时喝什么味……仅对茶的味道就可以写厚厚的一本书，可以有上千种回答。可是，对于一个从未喝过茶的人，即使有上万种回答，有再具体的说明，他的体验还是抽象的，他还是不知道茶的味道。

这就是说，对于你原本不知道的事物，你是无法领会的。

所谓禅，所谓悟性，通常用语言是很难讲的。

那么，为什么还要讲禅的道理呢？

就好像喝茶，一个人在许多年前喝过茶，由于生活的琐碎和操劳，由于许许多多的烦恼，日月的尘土将他对茶水的记忆冲淡了。他已经忘记茶的味道了，然而，你知道他喝过茶。你开始讲茶的滋味，茶的颜色，茶的不同喝法，你说茶像音乐，像清泉，像一幅画，像一首诗，你告诉他喝茶时口腔会有什么感觉，食道会有什么感觉，肠胃会有什么感觉，你讲了许多许多。你讲着，他听着，突然，你的某一句话触动了他，他心中悚然一动："哎呀，我想起来了。"这时，一切关于茶的描述都不需要了，在契机相合的一瞬间，他体验回味到了茶的味道。一切有关茶的艺术和理论的描述、概括，都不能取代他本人对茶的品味。

空灵之灵，慧根之慧，就是"佛性"，是每个人原本具有的，只是在人生中被很多很多的束缚、很多很多的执着、很多很多的迷雾遮住了，迷失了本性。就像一盏灯，时间长了，蒙上了灰尘；蒙得多了，就黑暗了。我们要做的只是把脏东西擦掉，灯就亮了。所谓"明心见性"，因为灯原本是亮的。

讲禅就像喝茶，每个人都喝过茶。当我用千言万语使你回忆起你曾喝过的茶的味道时，一切有关茶的说教只是文字相。讲禅时，千言万语中只要有一句与你的灵性契机相合，那么，一切有关禅的说教是可以不听的。

关键是找到自己的本来之"本"，空灵之"灵"。

通融一体，把握人生

我们对任何问题的领悟都应采取放松的态度。

许多人学过外语，会有这种体验，当你想把广播中的一段外语译成中文时，不能在一个单词上停留。收音机在滔滔不绝地说，也许你一瞬间对某个单词没有听懂，你绝不能在这个单词上停留，在那里苦思冥想，这个单词到底什么意思？不然，底下的一大堆话都听不见了。正确的方法是，这个单词你没有听懂，不要紧，有个印象就行了。思路要跟着往下走，不要滞留。这样，你才能听到更多的东西。

这是听译外语的奥妙，也是人生的奥妙。

当你想对真理有所领悟的时候，一定不要在一个点上钻牛角尖。要尽可能在总体上把握。要融会贯通，通融一体。

安放好自己的心灵

研究心理学、精神病学，通过对许多案例的透视可以认识到：

一、人的潜意识平常是处在压抑状态的，它以潜在的力量影响着显意识。一旦显意识的控制力放松乃至崩溃时，它就以不同的程度、不同的形式裸露出来。

重要的不是承认这样一个笼统的原则，而是研究潜意识是如何具体地裸露出来，它裸露的规律、手法都是什么。

二、潜意识是具有某种神秘色彩的。它有时表现为神秘的幻象，有时表现为神秘的控制力。

三、人类历史中，一直存在着这个神秘力量，许多未解之谜都与这个神秘力量相联系。揭示了它的奥秘，就可以澄清人类历史上的许多迷雾。

四、这个神秘力量存在于每个人的意识深处，它深深地潜伏着，广泛地弥漫着，持久地延续着，多方面地相通着，在人类生活的各个方面制造着情节与故事。而它的每次出场，都是被"请"出来的。"请"的方式是多种多样的。有自觉的和不自觉的，主动的与被迫的。总之，每当需要它出现时，它便出现了。

五、当这个神秘力量以一种不可抗拒的支配力影响一个人时，这个人就表现为某种精神障碍、精神疾病。当它以独立的人格控制一个人时，这个人就表现为人格分裂。

彻底揭示这个神秘力量的真实面貌与其一整套发生、发展、活动的机制，乃是我们认清所有精神病根源的必须的基础工作。

六、研究这类精神病案例，我们可以清楚地看到：艺术天才与精神病是一纸之隔。

阴阳鱼的旋转是玄而又玄的。相辅相生，此生彼长。一切都在有无之间。

用现代语言讲，要搞清楚显意识与潜意识的关系。

要理顺关系。

无理，相悖，则出乱子。

七、人类必须注意调整自己的心理，注意自身的心理健康。

一定要很好地把握自己的命运。要安放好自己的心灵。

八、在日常生活中要达观，要开朗，要堂堂正正，要光明磊落，要拿得起放得下，要本心清净，要把握住真我。对任何神秘的幻象，无论是神仙佳境，还是魔鬼恶境，都不为所动，不为所惧。坦然处之。见怪不怪，其怪自败。

人在生活的特殊境况中（如受到极大打击，精神崩溃）遇到各种幻象，其实都是以往人生经历的反映。

九、要学会从自身的生活经历中分析自己的各种精神现象与现状。而我们人类则要学会从整个人类的生存经历中分析各种精神现象。

这几乎就包括了神话在内的大部分人类文化。

人类应该认识清楚自身，应该认识清楚身心（特别是心）两方面的结构。我们要智慧。我们不能再在愚昧的迷雾中挣扎。

观众生相，悟人生的奥妙

希望人们有时间去街上走一走，坐一坐公共汽车，然后，观察一下坐在车上的人，看一下众生相，你会发现，人人脸上都有病相。

什么叫人人脸上都有病相呢？这个人脸上有愁苦，那个人脸上有焦灼，带着孩子去看病的母亲脸上忐忑不安，这个人脸上在生气，那个人脸上有嫉妒。

他们的脸上有很多可以称之为病和累的东西。

你苦了，就是一副苦相。这个苦相要维持三十年呢？苦相就成了相貌。不用三十年，一年就能改变相貌。有的人这一年心情不好，一年的愁苦就变成了相貌，一年的愤怒就变成了相貌。我有一句格言：表情是瞬间的相貌，相貌是凝固了的表情。一个老人一生比较达观，和和蔼蔼，高高兴兴，他到了晚年慈眉善目，慈善就成了相貌。

那么，当你发怒的时候，你的五脏六腑干吗呢？五脏六腑都是有相貌的。你精神紧张的时候，为什么肠胃容易痉挛呢？你的脸抽筋，胃也在抽筋嘛。那个胃原来挺好的，一抽肯定有变化的。你额头皱着，相应的器官肯定也在发皱。人的表情长久了，就变成相貌。五脏六腑的表情长久了，也会变成相貌，这个相貌就是疾病。你的肠胃老在那里发皱，时间长了就不是表情了，会固定下来，成了疾病，成了相貌，而且你在生育的时候还要遗传给孩子。

这就是奥妙。

为什么说"提心吊胆"呢？当你的心理状态是提心吊胆的时候，你的心和胆就是提着的。我们的医学家如果愿意去测量，人处于提心吊胆的状态，他的心和胆的某些肌肉纤维肯定就是提着的、吊着的，这是没有问题的。

中医讲七情伤人。怒伤肝，许多肝病诱发因素都是一次大的生气。思伤脾，恐伤肾，这都是有道理的。

人的表情会凝固成为相貌，疾病不过是五脏六腑的不正常的相貌而已。造成这一切的种种病相，从病的表情到相貌，从心理到生理的原因是什么呢？是你那颗心。不是心脏的心，而是中国古代用语上的心，或者说灵魂也可以。

我们要修炼这颗心。用禅的语言讲，叫作"明心见性"。

这颗心原来不明，不见自性。心明了则见自性。

使扭曲的心放松，回归自然

我们平常讲到"通"，总爱联系到气血通不通，经络通不通。遇到一个问题，人们也常说，思想通不通。这个"通"字很形象，一个人的思想通了，必然表现在身体上；同样，思想不通，身体的某个部位也不会通畅。

这似乎是很奇怪的事情，我们的心灵与肉体就是这样密切联系着。

要善于把握住自己的心态。做个比喻，一个橡胶条自然下垂，当你用力把它扭成麻花状时，这是在外力的影响下呈现的非自然态，叫扭曲和变形。一松手呢，它又弹回原状，这叫回归自然。越有弹性的东西越是这样。

　　人在社会中生活，往往是扭麻花状，往往变异。人不都得装样子吗？装样子是很累的。你当领导，要有个领导的样子，你在马路上本来想随便地晃着肩膀走，一看周围有人，就不敢晃着肩膀走了。你本来想大声笑一笑，怕人家说没涵养，就不笑了。你本来想穿个小背心，怕人家有看法，就不敢穿了。这种发型，那种衣服，不都在装样子吗？装是什么？就是违反自然态嘛！一个人处在一群人中，就一般情况讲，百分之九十以上全得装样子，只有百分之几是真相。只有在家里，最无邪的时候，最随便的时候，那个相才是自然态。

　　人一天到晚这么拧着是要变形的，生理、心理都要变形的。

　　怎么办呢？要找到使身心放松的方式。

　　自然是一种放松的状态，你今天练一小时放松，马上进入生活，又得装样子，又扭曲回去。过一天，又放松一下，又扭回去。一天十几个小时装样子，放松一小时，恢复恢复。

　　最高明的是彻底放松下来，要丢掉很多我们称之为执着的东西。心胸要非常坦荡。这是真正的聪明。

不以自然为敌，不以他人为敌

　　我们与人相处，常常会对一个人的智力有某种评价，说一个人聪明，一个人不聪明。其实聪明与不聪明通常只表现为识神（现代心理学所说的显意识），就人的神灵而言，或说潜意识的感觉，人与人的智慧是相通的。当你心生善意时，不那么聪明的人也会感觉到你的善意；当你心怀恶意时，即使是尚在母亲怀抱中吃奶的婴儿，也会因为你的态度而拒绝你虚假的搂抱。在社会上生活，有的人好像很聪明，在社交中做各种表演。对他的内心，即使对方理智上并不清楚，潜在的意识会有感觉。

一个真正有悟性的人不要以自然为敌，不要以他人为敌。这话说来似乎很可笑，谁会以自然为敌呢？谁会以他人为敌呢？我们说，以自然为敌也好，以他人为敌也好，这是一个非常深刻的概念。

今天天气很冷，你一出门，嫌天气不好，骂了一声：鬼天气！这叫什么呢？这叫以天为敌。明天天气很热，你很烦躁，抱怨天气燥热。还是与天为敌。这种对自然天气变化的排斥情绪，使你从根本上无法做到人天合一。

你与人相处，看着这个人别扭，对那个人嫉妒，对另一个人又怀有戒心，你在日常生活中时时要装样子，装伟大，装矜持，装深沉，装幽默，如此等等，从严格意义上讲，都叫以他人为敌。你对众人所保持的戒心使你无法处在很好的状态中，这样，无论你使用何种方法修炼自己，都远离最根本的奥妙。

当你与天地、与人都心怀善意时，你便自然地处在放松的状态中，你会变得自然洒脱，你在思想时常常会有灵光一现的境界。

以坦荡之心对待生活

我看过一本书，叫《禁忌大全》。这本书从民俗学的角度，从对文化的考察角度，无疑做了很有益的事情。但另一方面，这类书也容易对人形成不良暗示。自古以来，世界的禁忌太多了，可以说有千百万种，饮食起居，应有尽有，一切都有禁忌。一个人若样样相信就可能手足无措，更谈不上人生的高境界。

最好的方法就是对一切都坦坦然然，不以为意。

有一句话叫"放下屠刀，立地成佛"，一般人会把这八个字理解成劝恶扬善的道德说教，其实这里有对待人生的奥妙。一个人做过错事，一旦把错误真正从心头放下来，会顿生智慧。同样，无论你曾经有过何种恐惧，何种挂碍，何种禁忌，当你从心头把它放下来时，一定能体会到那种可以称之为智慧的东西。

如果不能增加自己在生活中的自由度，增加自在感，不能领悟到禅的洒脱达观，即使读再多的书，再刻苦地修炼，生活中还是那样焦灼，做事情还是那样掣肘，那样艰辛，那样苦涩，那样跌跌撞撞，只能说你的悟性很低，远没有达到人生的高境界。

卸下心头的重负

一个朋友请教放松和静心的奥妙。

我说：咱们做个实验好吗？我拿过一把椅子，要求他一手扶住椅背，然后做金鸡独立状。我问：舒服吗？他说，还可以。这时，我从屋里找出十件东西，书包、枕头、收音机、暖壶、粮食、蔬菜……只有一只手，他背着、抱着、拿着，一条腿还要跷起来，一会儿就坚持不住了。我这时开始给他讲放松和静心的奥妙了。我帮他拿掉一件东西，他感到轻松了一点，但仍然很累，过了一会儿，我再为他拿掉一点东西，又轻松了一点。这样，一件一件地拿，十件东西陆陆续续都拿掉了。他轻松多了，但还要做金鸡独立状。又过了一会儿，实在坚持不住了，我让他把另一条腿放下来，手离开椅背，自然站好。我问：现在有什么体会？

这个体会不说，人们也会很明白。

好像是个笑话，其实一点不可笑。当我们金鸡独立时已经很别扭了，再加上那样多的重负，会非常不舒服，非常艰难。当把所有的重负都放下，两只脚稳稳落地时，此时轻松的感觉是不做实验的人很难体会到的。

在我们的日常生活中，那颗心远比身压重负单腿独立更累。常规的人，他的心往往被许许多多的挂碍牵制着，心是畸形的，身体也不是两脚落地踏踏实实的。当你一旦把心里的挂碍放下来时，就好像负重的人卸掉了包袱，整个境界都会发生变化。这就是为什么说"放下心来，便是真悟"。对于一个单腿独立并且身背重物的人来讲，你从技术上指导他，让他把身体放松，把书包扛在肩上，暖瓶拿在手里，腿部稍稍弯曲，肌肉不要绷得太紧，充其量只能做某些局部的微调，不能说一点效果没有，但相当有限。然而，当他把身上的十件东西都放下来，并且两脚落地时，不用讲技巧，他已经完全松弛了。

要放松和静心，就要将各种心理重负放下来，使自己的心自在一些，那时，许多道理不言自通。

因此，对放松和静心而言，具体的技术可以讲，但一定要明白什么是一通百通的境界。

这即是禅的境界，自在的境界。

人生哲学其实是人生经历的结晶

一个人之所以信奉某一种人生哲学，并不在于外来的因素。必须研究他的全部人生经历，这当然应该包括他的家庭背景、社会地位、文化的熏陶和修养。总之，他今天信奉这个哲学是和他过去有这样一个历史相关联的。

如果一个人信奉一种消极的人生哲学并消极地生活，同时希望得到帮助，那么，仅靠善意的劝说、热情的鼓励，往往不起作用。

改变观念往往是通过改变生活开始的。当然，改变了观念才去改变生活的情况也是有的，但从本质上讲，是先改变了生活，然后才改变了观念。

一个人是这样，整个社会的现代化有赖于整个社会经济、文化的发展。不变革社会结构，单纯谈人的观念现代化，不是辩证法。

当然，观念的东西也有一定的主动性、能动性。

人生的感悟

当老人回顾青少年时代的往事时，他常常会带有一种惆怅的离别之情。无论多么坎坷和困苦，青春在回忆中永远是美好的，这往往使他对今天的生活有一种亲切而新鲜的感觉。他会从回忆中体味到很多不曾发现过的东西，同时更加珍爱时间和生命。

人生的种种悲剧中，最有普遍意义的便是时间的悲剧。

时间的悲剧就在于任何人都不能重新生活一遍。一切都已经发生，一切都已经过去了，青春逝去了，一切认识、一切经验、一切教训、一切追悔都为时已晚。

所以，对时间要倍加珍爱。

年轻的女性对社会、对历史、对人生的认识常常是通过她们的感情过程，具体说是通过她们的恋爱过程领悟到的。

有的女孩儿也许不同意这种说法，我并没有恋爱过呀，但我同样认识了社会。是的，也许你未"谈"过恋爱，但你必定有过爱的情感和爱的经历。你必定以"爱"的目光观察过社会和思索过人生。爱情的智慧是人生智慧的重要内容，年轻的女性往往通过爱情的经历理解人生，认识社会，分辨人情的伪善和真诚。

年轻人应当怎样生活，不需要旁人说长道短。认为怎样生活合理，就可以怎样坦荡地生活。如果感到生活不够理想，还可以进行调整。年轻人要善于掌握自己的命运，与此同时，不应排除对历史及更年长的一代人生活经验的借鉴。

丢掉你的偏见

人的头脑通常都装得满满的。遇到一个新鲜事物，你在进行判断时，脑子里往往已经装满了很多东西，你的思想一点都不自由。有一种人，面对新鲜的事物，你的话还没讲完，他的问题已经提了一大堆。你刚一张嘴，他的思维逻辑已经全部运转起来了。从他的角度，他会有许多不理解，会有许多解释不了的逻辑，会有许多与你相悖的观念。如果急于回答他的问题，可以说是永远也回答不完的。你即使费了很大的力气回答了，他还是不理解。这时，往往要用古代禅师经常用的当头棒喝，对他大喝一声：必须彻底改变你的思维，必须丢掉你全部知识所造成的偏见。

这是个看来很简单的问题，里面包含着重要的奥妙。

当面对新事物时，一个人的全部逻辑、成见、知识、理论都会自动跑出来，还结合着某种情感、印象，再掺杂着个人的利害与利益关系，它会使思维方式非常顽固。这就是执着。

有了执着，就人生而言，就没有高境界；就禅道而言，就谈不上悟性；就思想而言，就不会有智慧的火花；就人类社会的发展而言，就不会有发明、发现、创造。

放下烦恼，顿生清净心

有人告诉我，他平常工作特别忙，老感觉到烦躁。一次病了，病得很重，他突然想，那么累干什么呢？好好休息吧。就在那一段，他觉得很清净。他说一生中只有这个时期心态特别好。后来身体好了，生活又回到原来的轨道，于是，又烦躁起来了。

好像是个玩笑，但里边含着奥妙。有时候你为一件事很烦恼，只要把这烦恼放下来，就会顿生清净心。

坦率地说，只要对这一句话有悟性，就足以直指人心，见到佛性。你有一个不该有的烦恼、苦累压在心头，想开了，那时生出的清净心特别宝贵。体会到了这一点，就能理解为什么慧能讲"烦恼即菩提"。

菩提是什么？就是佛的智慧，就是高级的境界。

不要想一步登天，想一步登天是很大的累。

要善于领会人生的奥妙，通达透彻，融会贯通。

还要清净一点，超脱一点。要拿得起，放得下。

每天早上醒来，都以全新的观念去对待生活

"复归于婴儿"是《道德经》里的话，这句话可不是开玩笑。

每天早上醒来的时候，都以全新的观念去对待生活，这就是禅的意识。有的年轻人才二十五岁就说：大局已定了。什么叫大局已定？三十岁不许说这话，四十岁不许说这话，五十岁、六十岁、七十岁、八十岁也都不许说大局已定。没有大局已定之说。

有的人快退休了，就说大局已定。这才叫真正的愚昧。你要是懂得没有大局已定之说，比什么都强。你想，有的人上班几十年，身体一直挺好，退休一年头发就白了。这叫什么呢？叫人生的不自在。老子讲得好，"复归于婴儿"，要真正在生活中领悟这句话。一个人要是被自己搞得思想不解放，心态不年轻，还谈什么修炼？有人说，人老腿先老，这句话是错的，人老心先老。

要使整个身心保持年轻状态。

要"复归于婴儿"。

每天早上醒来，都以全新的观念去对待生活。

烦恼即菩提

每个人的人生都不可避免地有着许多烦恼。

家里的事，工作的事，子女的事，老人的事，人际关系方面的事，各种各样的生活问题都给人带来困扰，这种情况下，怎样保持祥和的心态？

即使一个相当乐观的人，有时也免不了有某些烦恼。烦恼对于一个想提高境界的人来讲，是非常宝贵的东西，一个人想得大境界，完全没有烦恼的考验，是一种缺陷。烦恼即菩提，烦恼是锻炼一个人的极好素材。

那么，怎样战胜烦恼呢？

当烦恼袭来时，你也许会想：我不要烦恼，我不烦恼。但硬压，往往越压越烦恼。怎么办呢？有这样四个字，"不降而降"。你在烦恼时要找到那个"真我""本我"，然后，用"真我"的眼睛去看待烦恼之心，任这颗心烦恼。你的"真我"会看到这样一个过程：烦恼之心如海浪翻腾，不可遏止，一波未平，一波又起，起起伏伏，你不动声色，冷眼旁观，突然，它落潮了。有过这种体验的人都会知道，当烦恼之潮落下去时，达到的境界几乎超过许多静心训练中得到的身心松弛与安详。

克服了烦恼，化烦恼为菩提，你的境界就有了长进。

在静中求静，比较容易，若在乱中求静，定力无疑要高一些；无烦恼时，放松安静是比较容易的；烦恼袭来之时仍能放松安静，乃是更高的境界。

凡是咬咬牙才能下的决心都不是好的决心

一位对书法非常入迷的朋友问，我每天上班，只能在业余时间练字，现在可不可以辞去公职，整个投身书法修炼？

我告诉他，这个问题要自己来回答。当你这样问的时候，表明你还在犹豫，还下不了决心，你内心还在矛盾。你说只要咬咬牙还是可以下得了决心的。你现在还有许多牵挂。你可能已经结婚了，可能有了孩子，还需要赡养父母，当你决心投身于书法修炼时，你靠什么生活？当所有这些实际问题没有解决的时候，怎么下得了决心呢？你来问我，我又怎么能帮助你下决心呢？

我以为，凡是咬咬牙才能下的决心都不是好决心，都不是水到渠成、瓜熟蒂落的事情。强扭的瓜不甜，瓜长在蔓上，必须用刀才能砍下来的瓜不是好瓜。

这是再普通不过的道理，真正做到并不很容易。

说得透彻一点，对生活中的一切都要取自然态。讲一个笑话，就好像一件旧衣服，你已经不大愿意穿了，扔掉又有点可惜，舍不得，放到簸箕里又拿出来。那好，你就再穿两天。这天早晨一穿，"嘶"

的一声，衣服扯了个大口子，不能再穿了，你痛痛快快就把它扔了，你会很高兴地拿出一件新衣服来穿。这个选择就很好，这乃为自然。

相反，你怀着非常矛盾的心理去做一件事，勉强自己下决心，这个决心一般不会好。

就像年轻人恋爱，结婚的时候有些不心甘情愿，对对方不大满意，婚后很难美满。因为心理的不安是已经预感到一些东西，只是理智一时难以厘理，人为地掩盖，早晚会暴露的。

无聊不是淡泊

一位年轻人说，自从修禅以后，他班也不想上了，恋爱也不想谈了，家也不想待了，总之，什么也不想做了。他说，我已经能够做到无为了，但不知怎样才能达到无不为。

还有一位朋友，原本是研究绘画书法的，有了一点成就，接触了东方禅文化后，对人生、对绘画、对书法，都觉得索然无味，感到生活非常无聊，一门心思想进深山老林去修炼。他问：这是不是破除了执着，看破红尘了？

我说：这哪里是什么破除执着，而是进入了另一种执着，是误区。

朋友，无聊哪里是淡泊呢？对人生而言，无聊绝不是很轻松的感觉，它是很大的累，甚至是一件最痛苦的事情，许多退休者的第一苦恼就是无聊。

禅宗讲开悟，并不是想让人当一块石头。万物当中，石头是最无心的，不吃不喝，几千年、几万年地蹲在那里。人不需要修炼成石头，你也无法使自己变成石头。禅宗所讲的开悟，是生活的自然态、自在态、洒脱态。无聊是很不轻松的状态，不知道自己该干什么，心是没着没落的。没着没落与心无挂碍是相反的两个概念。

那么，什么是好状态呢？

当你做了一件对社会、对亲人很好的事情，这件事又做得非常自然、自如、艺术、得心应手，你会是怎样的心态？会很宁静，很光明，很轻松。当你感到无聊时，你的心在左右徘徊，与这种心态是一回事吗？当然不是。

禅宗讲契机相合，只有这样去体会和认识，禅才能与千百万人的生活真正契机相合，禅的道理才能为更多的人所接受。

禅应该使人更洒脱、更达观地生活和工作。

与此相反，都是执着，都应放弃。

善巧方便，取其自然

人生是一个自然的过程。禅讲善巧方便，也是要自然。

什么叫处世自然？就人生的一般意义讲，就是对生活取自然态。什么事都要拿得起放得下，拿不起放不下就不自然。就好像一定要求你单腿站立，该躺时不躺，该坐时不坐，是很累的。要求你单腿站立，时间不用长，只二十四小时，你一想就会害怕。如果这样站一生，我看你宁可不活了。这好像是笑话，但在实际生活中，人们常常是多么的不自然。有那么多的执着，有那么多的欲望，有那么多的烦恼，那颗心常常比单腿直立还累。为什么不能两条腿落地，为什么不能踏踏实实地用屁股坐在椅子上，为什么不能让整个身体都躺在床上呢？

所谓"放下心来，便是真悟"。

真正放下心来，不是很容易的。

考大学了，考得上考不上，放不下；大学毕业了，找工作如何，放不下；调工资了，调得上调不上，放不下。

所有这些东西都放不下，都执着，怎么会有自然态呢？

在日常生活中，我们有多少劳累、多少支出、多少烦恼是必要的，是不能回避的？我们的生命，我们的生活，许许多多的时光就在一些毫无价值的牵挂中被损害了。当你看见一个人单腿在马路上直立时，你会觉得可笑，会觉得他累，会认为他没有"悟性"。然而，这种放不下的心态比一条腿站立还不自然，还累。

许多人讲彻悟，简单一点，善巧一点，就是人生要取自然态。用《道德经》的话，就是"道法自然"。用禅的语言，就是"随心自在，任意纵横"。再通俗一点，就是心地清净，安安详详。

做你该做的事情，不做你不该做的事情

所谓放下执着，并非指不生活了，饭也不吃了，觉也不睡了。这不叫放得下，乃为另一种执着。以为所谓放得下就是什么都不干了，不对，那是猪的生活。

人活在世上，要做你该做的事情，不做你不该做的事情。这件事情该你做，你做了，是最自然不过的。就好像你走在街上，一个小孩儿在路边滑倒了，你装作没看见，走过去了，你能够安心吗？这时，你上去把孩子扶起来，乃为最自然的事情。不做才是不自然。亲人重病，你说你放得下，不闻不问，这叫什么放得下？这是推卸责任。

那么，什么是不该做的事情呢？

首先是从道德上讲，你不应该做的，你做了，会非常不安。有些事，从历史的安排上就不该你做，你硬要做，费了很大的力，还是做不成，这也是不该做的。

人们经常在做一些不该做的事情，浪费了精力。好比上班坐公共汽车，路上交通拥堵。这时有人就沉不住气了，长吁短叹，一会儿看看表，一会儿看看窗外，只怕误了自己的事。其实，你着急也罢，不着急也罢，车该怎样走就怎样走，你着急也是这个速度，不着急还是这个速度。你已经做了该做的事，你按计划上了车，至于车是否误点，不是你能控制得了的。这种累，就属于多余支出。

　　此外，一个人本来数学很好，却非要当作家，这件事不该他做，他硬要做，费了半天劲，做不成还伤了自己。李宁的体操世界第一，但一定要他去跳高，肯定不适合，也不会出成绩。同样，让朱建华练体操也不合适。这种显而易见的例子一看就很明白，但生活中许多人都在犯这种错误，勉强自己做不该做的、不能做的事情。勉强的结果，事情做不成，自己还受伤害。

　　老子《道德经》中的一句话"无为无不为"，有读者问，无为是不是不需要做事了。他说自己已经可以做到无为了，但不知怎样才能"无不为"。这样的理解完全是错误的。无为是一种高境界，是放下一切执着的境界，并非什么事都不做。刚出生的婴儿还会吃奶，还会啼哭，何况成年人？当你放下一切执着之念，才能做到本心清净，才能真正"有为"。什么事都不做的境界还要修炼吗？

　　要静下心来想一想，自己的一生有多少事是应该做的，是有价值的；有多少事是不该做的，是毫无意义的。只有你认清了哪些是应该做的，必须做的；哪些是不该做的，毫无价值的，你才能真正做到无为，才能在那些应该做的事情上"无不为"。

顺其自然，本来无二

　　做该做之事，不做不该做之事。一切都顺其自然。

　　真正懂得顺其自然是不容易的。完全懂，彻底懂，你就事事都顺其自然了。不仅客观是自然的一部分，主观也是自然的一部分。这个世界原本没有客观、主观之分，都是道的演化。你顺之，不过是顺其大道。道者，顺之者昌，逆之者亡也。而真正悟到道，乃是悟到世界的"本来"。

说到这里，就要超出世俗的眼界和思维逻辑了，要在眼、耳、鼻、舌、身、意这六根之外了，要靠禅的境界才能领悟得了。老子说"道可道，非常道"，确实是语言很难道清的。

治国、齐家、修身，都自自然然。政治、经济、哲学、艺术、工作、生活，都自自然然，言谈举止、社交往来都自然而然，那就是大道。

生活也是悟道。悟了道，还要证道。要在生活中实践道，而不是常常从大境界中落下来，失去自然态。

世俗的功名利禄不动我心，一切任其自然来去。更彻底，生死也置之度外。心无丝毫挂碍，即无半点恐怖，大超脱，大解脱，大自在。

到了真正自然无为的时候，就没有"顺"的概念了，也没有除"我"之外的"自然"的概念了，因为忘我了，忘自然了，你即自然。自然即你，你顺何物？到那时，就可以用禅宗六祖慧能的话了："见性成佛。"

所以，生活中最重要的是进入高境界。

境界大，世界小，以大化小，才是真正的大彻悟、大智慧。

看不透这一点，执着、执迷，总是不自在的。

做好事也要取其自然

任何事物的发展都有一个过程。即使是件好事，也要允许人们有一个认识过程。不理解可以，挑毛病欢迎。对任何事物的发展本身也要取自然态，要豁达开朗。

因为有人不理解，因为事业发展不顺利，你非常气愤。其实，气愤是没必要的。就好像你本意是想做件好事，由于客观原因，因为坐车误点了，因为下雨你出不去，好事没做成，你特别不高兴。这就不好。为做好事而做好事，做不成还着急生气、心情焦躁，这都不叫做好事。

我们常讲要修德，评价一个人时爱用"德性"两个字。说这个人好，德性好；那个人不好，德性不好。做好事为积德，做坏事为缺德。这点一般人都能领会。可是，你如果执着于做一件事，哪怕是一件好事，做不成就生气，就烦躁，拿得起放不下，此乃为少德，仍然是不值得提倡的。

每个人都有独特的生活方式，如何判断自己的行为呢？首先，要经常审查自己的潜意识，看看是不是在很好的境界里，看看是不是有私心，是不是有偏见，是不是时时顾虑着自己的声望得失。如果这些暧昧之心都没有，乃为平静。这时，你就平平静静地按照自己的意愿去做，乃为有德。

所谓功德是无法计算的，计算之后就无功德了。做了好事，希望别人感谢，功德去了一半；做了好事沾沾自喜，功德就没有了。

万事要取其自然。自然才有高境界。

灵光显现的一瞬

讲一个禅宗公案。

一个人毫不懂禅时，是"见山是山，见水是水"。当他稍入禅门后，是"见山不是山，见水不是水"了。当他得了禅悟后，又"见山还是山，见水还是水"了。

怎么理解呢？

所谓一开始"见山是山，见水是水"，是常规思维。到了"见山不是山，见水不是水"时，是进入了非常状态。若再一次到了"见山还是山，见水还是水"时，就是非常态与常规态融合为一了。他没有了常规与非常规的区别。"不二"了。圆融了。一切都是光明了。一切都是灵光了。一切区别都不存在了，叫佛性湛然，叫大道旷寂，叫无为无不为，叫"平常心"，叫彻悟，叫禅。

"放下心来，便是真悟"，这可以说是禅宗的真谛。

什么是彻悟？就是放下一切执着，清净无为。

如果你在整个人生上，完完全全、彻彻底底地放下一切执着，一切都安然处之，一切都自然处之，一切都不挂碍、不恐怖、不忧虑，那么，你就是大彻大悟，你就是佛。

如果你只在一瞬间放下了执着，那么此一瞬间就是灵光显现。

一个人做到大彻大悟是不容易的，然而在一定程度上放下心来，却是人人都可能做到的。这就是慧能讲的："汝当一念自知非，自己灵光常显现。"

你在此一瞬间放下执着，你在此一瞬间就有小小一悟。就与禅契机相合。

此一瞬间，你就超脱，你就圣洁，你就智慧，你就灵动。

此一瞬间，你就在光明的状态中。

那是"如人饮水，冷暖自知"。

所谓"凡心太重无神通"。

禅宗六祖慧能讲得好："心平何劳持戒，行直何用修禅。"

心平行直即是禅。

凡心太重无禅意。

当然，神通绝非禅。神通其实是小术。然而，人若禅而定慧双生，"神通变化，悉自具足"。彻悟之人，是大智大慧之人，又是平平常常之人。

放下心来，便是真悟

人在世俗生活中为什么会愚昧？为什么不知道世界的本来面貌？为什么有时连最简单的、最平常的常识都不明白？

就是因为种种执着，或者说种种私心杂念，种种成见。

那些利欲熏心的人，有时不是连别人也需要活着这个简单道理都不懂吗？他不是每日每时地在侵害别人吗？

各种执着都使人愚蠢，使人失去对世界的真实感觉。

你的偏见，你的倾向，你的局限，你的私利，你的牵挂，你的爱欲，你的打算，这一切的一切都使你的心灵受到束缚。

它们使你的心灵不自由，不空灵，不能正确地感受信息。

当你想感觉世界时，各种因素都可能干扰你。

所谓"放下心来"，就是要放下这一切。

当你放下心中的一切，进入"无"的状态，进入虚心的状态，进入空灵的状态，你就可能有科学、艺术的发明创造。

当然，空灵状态的进入，要有一定的机遇，要有一定的训练。

一切主观的利益倾向、情感倾向都要放掉。

一切主观的经验、逻辑、推理、成见都要放掉。

不是很容易放掉的。因为这两个"一切"都存在潜意识中，是很深刻的。要放掉它们，就要有放掉它们的力量。

这里的奥妙，只有体验一下才能领悟到。

好比一架复杂的仪器，只有排除内存的、外来的种种干扰，它才能灵敏地接收和处理事物的信息。

聪明的朋友可能会问，这种"放下心来"的境界与巫的精神状态有何差别？

当然有差别。

从现代心理学意义讲，一个是主体意识处于"清明""民主"的统治状态，一个是主体意识处于崩溃的解体状态。

神通并不等于大道，并不等于开慧。如果有了神通，不执着于神通，善于从神通中悟到更多的东西，善于从一现的灵光悟到永恒普及的灵性，那么，你就得了禅悟。

人生的最高境界

自然就是无为。

无为就是无执着。

无执着就是没有任何愿与事相违。

完全的自然而然是很高的境界。

生活的自然无为与艺术的自然无为是相通的。

画家、音乐家、舞蹈家、政治家、实业家，各种各样的学问家，最高境界都该是"道法自然"。

老子讲，人法地，地法天，天法道，道法自然。地，就是大地，地球；天，就是天空，宇宙。道，其实很难用言语解释，但可以体会。人类在日常生活中对"自然"二字的俗用倒也含着很大的真理，这个演员表演得自然，好；那个不自然，生硬、做作、矫揉、不好。其实，人在生活的一切领域都有个自然问题。自然，因势利导，无为无不为，就是道，就是艺术，就是科学。生硬、做作、矫揉、勉强，就是拙劣、愚蠢、不艺术、不科学。

预见与人生

审视自己的思维就会发现：虽然我们总在崇拜预见能力，但那一切是建立在通常预见的确定性程度都极低的基础上的。如果真有人能把你一生都丝毫不差地预见出来，而且告诉你，这一切都是确定不可变的，你会有怎样的感觉呢？太没意思了，太黯淡了，太可怕了，太没活着的劲头了，太失落了，人生太没意义了。

太阳总有落的时候，人生总有终结。一切都预见到了，人生还有什么辉煌的诱惑？超越了时间便超越了生命，那样，一切尘俗的幸福也都没有了。人们愿意那样吗？他们会感到心中的抵抗。作为人，太爱人生了。人生是时空之内的，一旦超越，太冷酷了。

人总希望能预测未来，不过因为那很难，有限地预测到一些，可以更好地实现利益。如果能完全地预见到未来，一清二楚，那么，人生的悬念、神秘、未知、探索、追求、进取就都失去了意义和吸引力。

人类世俗生活的幸福是抵制超越时空的预测能力的。

只有超越世俗，才能进入超越时空的真理。然而，人类不超越世俗世界，是很难接受更高层次的宇宙大真理的，因为那意味着有所舍弃。

残酷吗？不是残酷，是严酷。真理就是这样。

那么，整个人类如何接受更高层次的大真理呢？

只有当全人类面临不可解脱的生存危机时。

每一瞬间都是永恒

一个人活在世上，会有许多欲望、想法、计划浮上心头。想干这个，想干那个，有这样的愿望，有那样的打算，心中被各种各样的念头占满了。再加上数不清的牵挂、忧虑、顾忌，心中的负荷就很重了，沉甸甸地压迫着你。这样就太不自在了，太执迷不悟了。

那么，这是不是说，人要觉悟，莫非什么都不想、都不干了？

我们说无执着，无念，并不是说什么都不干了，饭也不吃了，觉也不睡了，那样也是一种执迷。你执着于不吃不睡，执着于所谓的"无念"，执着于死嘛！

真正的无执着、无念，是在生活中放松自己的身心。大千世界的亿万象、亿万念虽然涌过心头，但是你不滞留于某一象、某一念，你不执着于某一象、某一念。你听凭自己的心、自己的本性做出抉择。你就是自然而然在做某一件事情，你做它时既不考虑得，也不考虑失，既不回顾之前，也不牵挂以后。你单单纯纯、安安静静做眼前这件事，只有此时此刻此瞬间的意义。

你的心在每一瞬间都进入永恒，又不停留于某一瞬间。你自自然然地处于一种无此无彼的状态中。

时间上无此彼，空间上无此彼。

这样，你就处于真正的无执着、无念的解脱状态中。这样，你就身心自由。你就会对生活做出最自然、最正确的一系列抉择。你在做事时，或从政，或经商，或外交，或做学问，或搞艺术，都能自然而然地做出每一瞬间最合适、最自然、最合乎"道"的反应。

所谓"应无所住而生其心"。

要大彻悟，大自在，化万念为无念，你才能获得真正的人生。

贵在此时此刻的体验

任何语言都是由讲者、听者当时、当地的契机相合而有的。讲过了，便讲过了，体验在那一瞬间。只要重复，便是文字相。

重复，都是在无原来契机的情况下进行的。无契机的重复就是假的，错的，荒谬的，无意义的，有害的。

就像让人冬天穿夏衣一样。

真正的修炼，全在于进入境界。

一切境界体验都难于言传，所以，他人难以重复。

一切境界体验都是瞬间的永恒，所以，自己也不能重复。

真正的大悟性，不念他人体验，也不念自己过去的体验，贵在此时此刻的体验。

而对大境界的体验，真正的动因来自你在生活中对痛苦的感受，来自由此而生的真实的、超脱世俗的力量。

从这个意义上讲，并不是人人都能达到大智慧、高境界的。

有的人想超脱，但他只是为了更好地实现熏心的利欲。那样的超脱是虚假的，结果也是难以真正超脱的。

你观察过蚂蚁的世界吗？

很多人不理解超脱的意义与实质，他们会用许多问题来诘问：超脱半天，到底对人类文明发展有何用？对个人生活有何用？

他们不知道，你的价值判断对于进入另一个境界的人是没有什么用的。

举一个非常粗浅的、未必达意的比喻。你观察过蚂蚁的世界吗？蚂蚁成群地在那儿忙碌，还有相互撕咬。蚂蚁社会的"意义"和"价值"能打动你吗？能对你起作用吗？不能。你只觉得它们渺小，微不足道，觉得它们那斤斤计较的忙碌有些可笑。你对它们怀着某种怜悯。

朋友，我并不想劝你放弃人生意义的追求，也无意贬低社会的各种价值判断。我只想说，我们该理解人类社会出现的一切。

如果你多少能理解一点"境界大，世界小"的奥妙，起码会自在得多。

人类至今最缺乏认知的领域，恰恰是自己的心理、意识。

深化对心理、意识的认识，由此深化心理（意识）与生理关系的认识，再由此深化心理（往往还连带生理）与宇宙关系的认识，这是极其重要的工作。

真正的禅机妙语都是创新的

许多人都喝过茶，然而，茶味能用语言讲出来吗？你没喝过茶，我能用语言使你体味到茶味吗？我喝的那种茶，你没喝过，我的品味，你能通过我的语言知道吗？

禅的体验如何，同样是言语难传的，所以要"以心传心"。

有人笑了：以后别人再问我禅是什么，那我就来个沉默不语就行了！

那你还是非禅。你照搬一种应答方式，本身就受缚于"相"。禅的一切言语行为都是即时的、直觉的、不可重复的、随着灵感迸发的、突如其来的、脱口而出的、应运而作的，所以，一切禅机妙语都是创新的。凡是模仿的、逻辑推理的、理智思考的、千篇一律的，都是非禅的。

禅是活的，非禅都是死的。

那么，禅到底是怎么回事儿？

朋友们一定知道"拈花微笑"的典故吧？释迦佛在灵山上拈花示众，弟子们都不解其意，唯有摩诃迦叶破颜微笑。释迦佛说："吾有正法眼藏，涅槃妙心，实相无相，微妙法门，不立文字，教外别传，付嘱摩诃迦叶。"这是禅的最根本的典故。摩诃迦叶被认为是西天的第一祖。在西天传到第二十八祖时，便是菩提达摩，他来到东土中国，又成为东土禅宗一祖，传到慧能，为六祖。仔细悟一悟"拈花微笑"，就都有了。

释迦和摩诃迦叶之间，就是"以心传心"吧。

"以心传心"，当然含有思维传感之意，但它远不是一般的思维传感，因为一般的思维还可以说是一种内在的语言文字，释迦与摩诃迦叶"以心传心"的不是这种思维，是一种境界。

非理性与禅

有的艺术家信奉"非理性"，他们会说，"非理性"即是禅。人就是要丢掉一切理性的束缚和制约，抛弃一切外衣，让潜意识释放出来，让生命的本能淋漓尽致地表现出来。认为这才是艺术的真理。

我们认为，"非理性"在反对传统文化的桎梏方面是有贡献的，但以为"非理性"就是全部真理，太浅薄了一些。

非理性主义的理论，是哲学的、心理学的基础，是尼采、柏格森，还有弗洛伊德，还涉及社会学各个方面。然而只依靠尼采、柏格森，包括弗洛伊德的理论，还是不能本质地回答问题。

首先，我们以往对心理的认识，对意识的认识，还是非常肤浅的。现在，停留于弗洛伊德等人的理论框架内，想解释更多的问题，是不会得到令人满意的结果的。所以，我们要说的第一句话是：西方现代哲学、现代心理学的全部成果，我们要突破之。

人的心理，人的意识，要比我们已有理论的描述复杂得多。

一、无论是搞艺术还是自身修炼，人类想进入任何一种特殊的境界，艺术的境界，都是从理性出发的，都是"显意识"确定的方向。因为人类一般意义上的"自我意识"就是"显意识"，就是和"理性"相联系。有人讲"非理性"，或者进入"非理性"状态，其出发点都是"显意识"层次的事，不是潜意识层次的事。完全"非理性"，完全不依靠"显意识"思维，是不可能的。

这样，就还需要对"理性"进行分析。对显意识领域也进行更细的区分。

二、当我们的显意识、理性思维放弃控制的地方，下意识、潜意识就开始掌握那一部分支配权。骑自行车时的许多应变动作，都是下意识完成的。

下意识有很丰富的层次。它能接管显意识的许多习惯性工作，有相当丰富的经验。它几乎承担了人的绝大部分应变与自控工作。我们走路、吃饭，许多行为，都由它承担着指挥。

三、当显意识进一步放弃控制，弗洛伊德所说的潜意识，在我们说来是"狭义潜意识"层次就开始掌握权力。最普通也最深奥的是：梦境。

很相似也很典型的是：醉境。

当然，就是在这两种情况下，显意识、理智思维也没有完全放弃控制。

与醉境几乎相同的，可以做类比的，就是精神病。

大醉后胡说八道、胡作非为，和精神病很相似。

"狭义潜意识"层次中聚集着人的许多心理能量，包括喜怒憎爱，平时被显意识、理智压抑着，理智一失控，它们就被释放出来，表现出来。

四、当显意识不放松控制，理性压抑着一切，"狭义潜意识"的能量会越聚越大。它只有两种出路。

一种，暴动，推翻显意识、理性的统治肆无忌惮地泛滥出来，那就是严重的精神病，精神失常。

另一种，就是更换形式，改头换面地表达自己的不满和反抗。

这就有了梦、口误、笔误、过失、遗忘、精神病和神经症，等等。

更彻底地说，还有情绪、心理疾病、生理疾病，等等。

五、我们既不能完全地压抑、控制"狭义潜意识"，以免导致精神病或者神经症等；也不能完全放弃对"狭义潜意识"的控制，不然会或者大醉发疯，或是精神病发疯。

唯一的方针是有控制、有引导地释放、运用"狭义潜意识"的能量。

这样，我们就有了艺术。舞蹈、音乐、绘画、诗歌、小说，无不是这样有控制、有引导地释放。

完全丧失控制，没有艺术家，只有精神病患者。

然而，却需要尽可能地少控制，尽可能地放松，这就是所谓的艺术家的创作状态。

可以说，艺术创作即是一定程度的、可控的、暂时的精神病。

艺术家越进入好的创作状态，同时就可能越临近真正的精神病。

当他持久地处于这种状态中，就有了梵高。梵高是与精神病相邻的艺术家，或者说是在艺术家群中的精神病者。

艺术家在创作状态中需要体验的是这样一种境界，有理智的一点观照，清清白白地如灯一般照耀着，同时听任"狭义潜意识"流动、泛滥、表演、作为。

"狭义潜意识"是高度自由的，几乎是为所欲为的。

但那理智的观照又若有若无地照耀着。

理智中的一切执着、逻辑都抛弃了，一切对潜意识管理和统治的"法律"都摒除了，但有那清清白白的观照。

那观照是要把持的，是要修炼的，要使之越来越清白。

六、有引导、有控制地释放"狭义潜意识"的能量，还有一种重要方式，就是弗洛伊德用于心理治疗的"自由联想"。还有各种精神分析的方法。

包括释梦、释神经症、释情绪、释疾病。

使"狭义潜意识"显现到显意识中，使显意识这"统治阶层"听到被统治者"狭义潜意识"的声音，听到并正视它的被压抑的愿望，那么，被统治者也便得到一定的安抚。

冲突便缓解了。

七、如何使显意识与"狭义潜意识"沟通，使显意识看到、听到"狭义潜意识"的愿望，或者说使"狭义潜意识"的欲望显现到显意识中来，这种对话方式、对话艺术是我们要掌握的。

八、与"狭义潜意识"对话，有引导、有观照地释放它的能量，这只是艺术的事，精神分析的事，心理、生理疾病治疗的事。

释放"狭义潜意识"的能量，在自身的修炼中只是要战胜的魔障，是自我修炼必须超越的事情。

"狭义潜意识"层次中聚藏的七情六欲，会以各种魔障的形式干扰修炼者，停留于这一步，或者心猿意马不得入静，很可能因完全失控而成精神病。

因此，需要那一点如灯的观照。

这一观照应更清白、更透彻。

最终透过"狭义潜意识"层次，照进了"自性潜意识"中。

它也便融于"自性"之中。无此无彼。

这便是慧能讲的"见性成佛"。

九、那清清白白的观照，在某种程度上就是佛教中所说的"念力"，或所谓慧力。

但不尽相同。

这种清清白白的观照，最初看来在显意识层次中，在这一层次的坐标零点上。

当它透入多层潜意识中并在那里照亮时，它又和那些层次的坐标零点相通。

它在整个意识的坐标零点。它照亮一切，它又无一切。它观照一切，它又不干涉一切。

它若有若无，若无又若有。

它可谓是古人所说的"元神"。

一切逻辑、理智都摒除，没有万念，却有元神驻守。

这是一种进入高境界才能得到的体验。

十、"狭义潜意识"即弗洛伊德所说的潜意识，只是艺术的层次，精神病的层次，神经症的层次，情绪、疾病的层次。

至于顿悟、见性、禅，则是"自性潜意识"的层次了。

所以我们说，"非理性"与禅太不是一回事了。用"非理性"来解释艺术，也还是不够深刻的。要获得更深刻的真理，必须引申对"意识"的认识。用"非理性"来解释禅，就显得牵强而可笑了。禅，要靠我们的念力、慧力、悟性，在某一契机的冲击下，灵感之光透入"自性潜意识"，这才是彻悟。真正的禅不仅排除了显意识的任何理智逻辑，还要排除"狭义潜意识"的七情六欲，可没有"非理性"主义者讲的"人欲横流"的存身之处。

整个世界都是禅

我们要使自己处在圆圆融融的大境界中，要无为、无念、无执着、无住。我们不是停留于理智上讲讲，也不是停留于逻辑意义上的理解、领悟，那还是假境界、假彻悟。要在理智到达界限、超过界限后，进入一种非理智可言说的境界，即人天合一的境界，无为无不为的境界。

那已不是逻辑思维的境界。在那个境界中，一切逻辑都将被中止。

无论是四维时空中的科学逻辑、哲学逻辑，还是人类社会所特有的价值逻辑、道德伦理逻辑。

无是非，无彼此，无往来，无生灭，无有无，无得失，无荣辱，无垢净，无增减。

有朋友会说了，你无这无那，无一切逻辑，自己却在滔滔不绝地讲，在"逻辑"，这不矛盾吗？

所以，你可以认为我讲了很多，也可以认为我什么也没讲。讲了那么多话，就启发顿悟而言，可能某一句话与你的思想合了契机。你领会了，从修炼的意义上讲，就都在你悟的境界中了。那千言万语你尽可以抛弃。再去重温、记忆我讲的一切，可能就陷入文字相了。

修炼，彻悟，真正的意义在于此刻此瞬。一切过去的事情都没必要重复，因为它也不"存在"。每瞬间的生动体验是最本质的。真谛在这瞬间中。

科学理论发展到极致，关于物质的学说彻底再彻底，我们将发现，西方的逻辑、科学最终将与东方的神秘主义的直觉的智慧相通。

整个世界都是禅。

太阳照耀下的天空

朋友，我们该进入越来越清澈的世界。我们该像太阳，像太阳照耀下的天空，像天空下一株闪光的青草，像青草上一滴晶莹的露珠。我们透明，我们生动，我们清净，我们安详，我们的"思想"与宇宙融合而一，我们的思想遍宇宙，我们不执着于一事、一物、一象、一念。我们光辉，我们恬淡，我们充实，我们空虚，空虚又无空虚之执着，我们便在一种境界中。这境界不可言传，只可意会。难以说教传授，唯有以心传心。

我们正在进入一种境界。如若这种进入是真正的而不是虚假的，感性的而不是理念的，那么，就有实在意义了。

若没有此种彻悟，任何一种执着都可能使你焦灼日夜，失去人生的真正意义。或许你执着于一个伟大工程，或许你执着于发一笔财，或许你执着于争得一份感情，或许你执着于完成一部艺术作品，或许你执着于取得某个地位，或许你执着于研究清楚一个学术问题，或许你执着于健康，或许你执着于一个行为的声誉，或许你执着于一项了不起的事业等，结果你就被这执着攫住。你的心不自由，你的眼睛不放松，你看不见周围的宇宙，没有阳光，没有天空，没有闪光的青草，没有青草上的露珠。

一个执着完了，又来一个执着。你始终为"执着的追求"所掌握。你的生命毫无自由、自在。

生命成了执着的笼中物。没有了真正的生命。

一再这样讲，就是为了不断诱导朋友们真正解放自己。有的人此时明了，彼时又迷了，在执着中被焦虑所折磨。

朋友，放下执着！

你说，我明明知道该达观自在地生活，却被一个近在眼前的功利主义控制了思想，无法摆脱它。我被我的"事业"压迫着，我焦灼，潜意识的抗拒时时在显现，疑病症等神经症折磨着我。我的潜意识在逃避这不堪忍受的"执着"，然而，我还"执着"着。我简直不能自拔了！

　　朋友，我再对你说：放下执着！

　　这是当头棒喝。

　　你可能半疑惑半领悟地看着我。

　　朋友，没什么。烦恼即菩提。人经常深陷执着，那也没关系。只要你在某时某地遇到一个契机，你又可能顿悟了。推开执着的迷雾，你又会看到光明的宇宙，太阳、天空、青草、露珠都在熠熠生辉。

　　我们现在洋洋洒洒。我们都在阳光中、青草中、露珠中。我们领略生命的每一瞬间。每一瞬间都是永恒，都是绝对。

· 初查忙累账
· 学会断舍离
· 职场不焦虑
· 禅定工作法

扫码查看

附录四　直视当下的心灵

一

记得一次网上聊天，有朋友提问，大千世界有很多问题要思考，还要有这样那样的修炼修为，到底为了什么？

我回答：为我们在当下更好地生活。

这句话看起来简单，做到并不容易。

关于"当下"的说法在中国有很多，特别是近年，西方大量的心灵修为的书籍翻译过来后，在年轻人中很普及，甚至很时尚。本质上说，这些心灵修为的书受近代日本禅宗的影响是比较大的。

日本近代禅很讲究"当下"的概念。

举一个例子，日本一些世俗之人向禅师问禅，可能你正喝茶呢，禅师会告诉你，你现在就一心一意地品茶，不必问这问那，也不必思前想后，就体会当前品茶的情趣。

可能你正在泡温泉澡，又问禅师：什么是禅？

禅师说：好好泡澡，不要思前想后，问这问那。

"当下禅"的概念，就是体会当下生活的全部情趣。

真正做到这一点不是那么容易的。比如说，一个人只要活着，不管有事没事，总在思前想后。吃饭，想着吃饭前后的事；走路，想着走路前后的事；当下，想着今天、明天、后天以至大后天很多引起你焦虑的事，或者想着以前很多让你懊悔的事。

那么，做到能够活在当下，作为禅的意味来讲是要有一些训练的。

这种训练就是要专心致志地集中在眼前的生活，眼前做的事，眼前进行着的活动，而斩断思前想后的各种意念。

这是修为的一点技术。

我们普通人平平常常生活工作的时候，或者比较闲暇的时候，会发现自己的心一会儿就跑到十万八千里之外了，思前想后非常多。那么，怎样做到"当下"呢？首先要进行一点训练。

这个训练就是，走路，只一心一意地走路，体会散步走路的全部情趣。

吃饭，好好吃饭，那些烦人的事、恼人的事先不去想。

写字，专心致志地写字，不瞻前顾后，想这想那。

静坐的时候，更要安安静静地坐，使自己进入放松、自然的状态。

以道家的概念来讲，就是"致虚极，守静笃"。

在你放松闲暇时进行这些训练，慢慢地，一点一滴地训练，日积月累地训练。

这种训练在比较忙的时候也能进行。不做这样的训练，想一上来就立马"当下"了，是奢望，是不可能的，因为我们的心灵多年来已经习惯心猿意马，到处攀援，像风车一样停不住。本心守不住，额外支出，无效地胡思乱想和焦虑，分神分心，徒劳无益地动心思，消耗自己，降低眼前的生活品位，这个习惯的势力非常之大，必须进行训练才能比较接近当下生活的奥秘。

二

这种"当下"的心灵训练的法门不少，各种东方的、西方的、古代的、现代的书籍也很多。一些人看了很多，听了很多，也习练了很多，甚至"当下"概念说得满天响，实际上依然不能体会当下生活的快乐和奥秘，心灵得不到解放和解脱。

这是为什么？

我认识一个年轻人，在佛教修为方面见多识广，古代的，释迦牟尼的经书、慧能的《六祖坛经》，各种经书看了不少，近现代的大德，泰国的、美国的，很多很多，他都信仰过，学习过，研读过，在生活中他能不能真正做到活在当下呢？

有几天，他突然感觉自己的心率很乱，时慢时快，有时早搏甚至停跳，有时心率动不动一分钟一百多下，"咚咚咚"跳得很响，晚上没法睡觉，也不敢睡，怕有生命危险。去医院查了查，拿了药，医生有一大堆说法。他很恐惧，向我请教。我就笑了，说你不是会念佛吗？好好念呀！他说念了心也在狂跳。我说你不是读了很多佛教书吗？按照书中的方法去做呀！他一下子找不到怎样做的感觉。我就说"当下"呀，不要想别的。他想了想，说做不到。

一个人如果修为学习了很多东西，没有真正学到本质，遇到困扰时有可能就是花拳绣腿。这个年轻人这时候感觉生命有危险，一下什么都不相信了。

我对这种状态还是有一点了解的，于是帮他梳理了一下，他最近突然出现了一个人际关系上的紧张，主要是和领导关系的紧张，内心有了莫名的焦虑。在和我对话之前，这个问题隐蔽着，他不知道自己内心的焦虑有多严重，一旦把思想厘清了，才发现这件事在他心头有很大的能量。在我指出他焦虑的原因后，他明白了。一旦看清这一点，明白心脏狂跳是因为这个在焦虑，他发现自己的心率趋于正常了。他问，我晚上睡觉没问题了吗？我说起码一多半问题不会有了。

我又给了他解决人际关系比较具体的几点指导，让他放下错误观念，他的心律不齐、间歇早搏都消失了。我告诉他，直面自己的心灵，发现导致自己心中不宁的原因，并放下错误观念的执着，从而解决问题，这就是佛法。

没过几天，他又能读这本经、读那本书，"当下"开了。

举这个例子是什么意思呢？朋友们可以结合自己的人生体验来领会。生活不可能永远风平浪静，总有一些事情在纠结我们，当那些纠结我们的事情占据心头的时候，关于"当下"的说法就显得非常贫弱。你说我要好好听音乐，好好散步；我要专心吃饭，享受吃饭的快乐；我带小孩儿散步，体会其中的快乐。实际上这些都做不到。

为什么？有烦恼在纠结你。

所以，即使懂得一些关于"当下"的修为技术，此时也不起作用了。比如，怎样集中注意力了，怎样斩断前思后想了，怎样不要想昨天，也不要想明天了，都做不到！因为纠结的能量很大，就好像你突然遇到一件感觉特别紧张、有危险的事，你吃饭、散步还"当下"得了吗？你突然遇到一件特别悲伤的事——亲人去世了，你还能好好听音乐，好好散步吗？那岂不是最大的拧巴？

三

所以，要善于活在当下，有一个更深刻的问题，这个问题不是一般的心灵修为技术。

是什么呢？

有人说，是应无所住而生其心，一切有为法不离自性。这句话是真谛，但如果不结合下面要讲的内容，对于很多人来说就是一句空话，你就做不到应无所住而生其心。当一个普普通通的入世之人遇到特别纠结的问题时，如果不清楚这个问题，你已经被这个问题控制了。这时候一切回避纠结、不涉及问题的说法都是花拳绣腿，不解决问题。不信可以自己去体会。

不去正面解决问题，就做不到应无所住而生其心，就做不到"当下"。

人要"当下"很好地活着，一定要直面当下的心灵。这一点非常重要。要不你的"当下"常常可能是虚假的。你心头为一件事特别纠结，工作上特别困扰，干不下去，职场环境很恶劣，生存不下去，不知道该不该跳槽，该不该辞职，或者在感情上的挫折要死要活地反复纠结你，你对自己说，只管当下吧。

这句话跟没说一样。

或者是你的孩子成长不顺利，生理、心理有问题，学习有障碍，你说，我放下这一切不去想它，只须当下。

千万不要相信这些空洞的说教，这些东西我看多了，没用！

如果不敢直视自己的心灵，把一切有问题的事情都掩盖起来，无视它们，以为在寺庙里住两天就解决问题了，这只是把问题埋藏得更深了，更隐蔽了，表面上更觉察不到它了，可它的作用更大了。

要直面自己的人生，直视自己的心灵，要知道自己当下的心灵状态是什么样了。这一点非常重要。不明白这一点，一切有关"当下"的修为都是表面文章，不解决问题。

　　我们看到，一些在修为领域写过一些书甚至有一定成就的人，有时候也会承认自己陷入新的精神危机，一切大道理都拯救不了自己，这时才明白自己过去的一些见识是远不究竟的？所以，"当下"这个词不是表面的口头禅，说滥了也体会不了当下的快乐。

　　工作体会不到工作的快乐，散步体会不到散步的快乐，回家体会不到家庭生活的快乐，会友体会不到会友的快乐，这是因为你心头纠结着一些事情，这些事情你没有直面它、厘清它，也没有解决它，因此没有放下它。当你笼统说放下的时候，不过把它掩盖起来，它会在更深层次、更隐蔽、更纠结地作用于你。于是我们看到，许多跑修为的人，他那个修为就是平衡一下内在的某个纠结，在一段时间内，比如说这两天去寺庙里平衡一下，回避一下，躲避一下，休息一下，以为问题解决了，回来以后全部的烦恼依然存在。

四

　　希望朋友们学会直面人心的生活智慧，要能够厘清自己当下心头的第一个问题是什么。如果达到一定的水平，还能知道第二、第三个问题是什么。这才是非常智慧、非常必要、非常实际的修为。

　　不管有多少问题，一定是按重轻排队排在心头的。不信可以试一下，有一件事肯定占据在你心头第一位，那么，它就是最重要的事情。比如，快毕业的大学生，对毕业后读不读研、找不找工作可能是第一位的；高三毕业生可能是面临高考；谈婚论嫁的年轻人婚姻对象可能是第一位的；有了孩子，孩子成长不理想，成为问题孩子，对家长来说解决孩子的问题可能是第一位的。相比起这些，其他事情都可能是第二位的。这就是问题有重轻次序。要清楚心头重轻次序中前三位的是什么。

梳理问题，自觉和不自觉是不一样的。自觉了，就知道这些问题在纠结自己，正视这些问题，才能不莫名地烦恼和焦虑。

此外，纠结你的事情不仅有重轻之分，还有急缓之分。虽然这个阶段最大的事情，比如说高三学生高考是第一位的，但今天你去火车站接人，路上堵车，此时此刻最重要的事情是由于堵车还赶得上赶不上接人。也可能最近一件大事是解决职场问题，但突然小孩儿病了，发高烧，虽然职场问题是长期的，小孩儿生病是短期的，但小孩儿生病自然成为这两天最急的事情。

梳理问题最复杂和重要的是，它还有隐蔽和明显之分，这样的梳理要慢慢训练。有时候是我们感觉自己不快乐、不"当下"，但并不知道为什么，只有仔细想一想，问一问，拿起笔在纸上写一写，慢慢理清思路，或者和他人对对话，交流一下，联想一下，才能慢慢发现自己的问题。

这是它的隐蔽性。

我接触过这样一个人，他总会莫名地产生一些烦恼和焦虑。在我的帮助下，经过一番梳理才明白，是因为对去世母亲的一点不安。在整理母亲的遗物时，对母亲有了很多联想和回忆，感到母亲在世时自己有些事情没有做好。这个不安一直蔓延影响着他。他找不到这个原因，只是感觉有一种莫名的焦虑和烦恼。一旦审视清楚了，想明白了，也知道用什么样的行为做一些调整和弥补，他心中的迷雾、一种莫名的烦扰才去掉，他才知道当下的音乐好听在哪里，当下的风光究竟美妙在哪里。

所以，要学会直视当下的心灵，发现那些明显的或者不明显的纠结我们的问题；要学会如何按重、轻、急、缓的顺序排列出来；要能够正视它、厘清它，找到解决它的方法。一时解决不了，该放下就放下，该舍弃就舍弃，该自我安慰就自我安慰。总之，要学会正视自己的心理，去掉纠结、淡化纠结、放下纠结。从修为的角度讲，这是最重要的心法。佛教讲的放下执着才真正体现出来。

五

和我交流的朋友，我解决他们问题的方法就是直接面对他的心灵，面对他的生存现状，面对纠结他的诸种重轻急缓的问题。解决了这些问题之后，他会发现，不修为都比修为强。他会明白，过去那种修为很表面。

要能"当下"地生活，先做一点放松、闲暇的心灵修炼，而后更重要的是直面"当下"的心灵状态，发现纠结自己的问题是什么，能够厘清它，然后做到逐步彻底地解决它、放下它。

很多时候，当我们发现它的时候，问题已经解决了一半，已经觉得轻松了。所以，一定要善于分析自己的心灵，看清自己的心灵，直面自己的心灵。你不理解它了，你委屈它了，你还想活在"当下"是不可能的。

你让它默默地隐蔽地纠结，你想活在"当下"是不可能的。

你把所有那些看来很世俗、很平常却令人很头疼的问题，工作的，家庭的，子女的，父母的，想简单地放下就放下，自己躲到寺庙里，最终会发现没有得到任何要领。

佛教修为的精髓之一是能时时省觉自己的身心状态，省觉自己的心灵。

如果你掩盖着心中的最大纠结修佛法，连佛法的边都没沾。

放下，不是对存在的问题熟视无睹，不是掩耳盗铃。现在有太多的掩耳盗铃了。说了半天放下，结果什么也没有放下。跑了半天寺庙，什么问题也没有解决。说活在"当下"，结果只会离"当下"越来越远。

一位朋友有一阵很焦虑，丧失正常的工作能力。经过与他对话，发现他在现实生活中目标定得高了。目标高的表现可能是多方面的：事业成功一点，更成功一点；钱挣多一点，再多一点；对孩子的教育好一点，再好一点；对父母的回报多一点，再多一点；回老家的时候再耀祖荣宗一点。他觉得这些都是好目标，应该努力坚持，结果就很焦虑，就开始跑寺庙，开始修为，修为的时候想着都放下，可是他不知道自己什么也没有放下。

那么，我对他的帮助是什么呢？就是帮他把问题梳理清楚。工作要做吗？要做，目标稍微降一点，不可力不从心。孩子要接受好的教育吗？应该接受，但不要攀比。父母要回报吗？要回报，要量力而行，没必要和别人攀比，那是没有止境的。回老家也可以耀祖荣宗一点，但大可不必累着自己，不要太贪心。把生活中实际的问题解决一点，他就解脱一点；都解决了，他就全解脱了。这是实事求是地放下"贪嗔痴"。人要做自己该做的事情，不做自己不该做的事情，否则就是贪嗔痴。

所以，无论说顺其自然也好，应无所住也好，无为也好，当下也好，在实际生活中就是要做到直视自己当下的心灵，发现那些隐蔽的、纠结自己的问题，解决这些问题。检验一个人是不是生活得有质量，或者说检验一个人的修为是不是很成功，要从自己生活中的状态来检验。

如果说你活得确实很幸福、很快乐、很祥和，不仅使自己这样，还使家人这样，使周边的人这样，那就是真正的成功，真正的修为，真正的高质量生命状态。

后记

　　人活着都有不易处。要活得好，活出个样子，确实要解决很多人生实际问题。这里任何空洞的说教、善良的愿望都无济于事，要的是生活的智慧。这种智慧既来源于人类方方面面的思想理论，还要有千锤百炼的实际经验。

　　我一直关注现代人的生存问题。

　　因为现实生活中，这类问题越来越凸显。

　　本书的出发点就是将现代思想与东方禅文化结合。千百年来人类的科学技术发展层出不穷，但人类的精神苦痛、心灵危机却有一脉相承之处。如何活得洒脱，符合人的本性，自古以来的思悟是相通的。

　　将禅的智慧、禅的趣味与现代心理学等贯通起来，直指人心，直指我们的亲身体验，这可能是现代人想活得成功、健康、自在的一个法门。

　　禅讲究究竟，就是彻底。

又讲究方便，就是因人而异，因地制宜。

具体方法解决具体问题，一切以实效而论。

《工作禅》研究的是人在生存压力下如何自我调节，应对生存危机。本书 2005 年由长江文艺出版社出版，书名为《心灵太极》；2010 年，上海世界书局再版，更名为《工作禅二十四式》；2011 年，香港皇冠出版社出版了《工作禅二十四式》的繁体字版。

笔者在最新出版的《工作禅》中对文字做了修订并增写了新的内容。如果本书能够给朋友们解决人生难题提供帮助，笔者会十分欣慰。

柯云路

2023 年 7 月于北京

· 初查忙累账
· 学会断舍离
· 职场不焦虑
· 禅定工作法

扫码查看

职场不焦虑
找到焦虑源头 学会勇于说NO

禅定工作法 禅
学会制造心流 工作全心投入

生命即是禅
工作是
亦如是

扫码开悟
为心灵解压

初查忙累账
当人又忙又累 可能是没忙对

学会断舍离
工作既要又要 劳动通常无效